工业和信息化
精品系列教材·大数据技术

大数据分析技术与应用

(微课版)

宿佳宁 王林 于丽娜 / 主编
尹洪岩 张磊 张成勇 / 副主编

Big Data Analysis and
Application

人民邮电出版社
北京

图书在版编目（CIP）数据

大数据分析技术与应用：微课版 / 宿佳宁，王林，于丽娜主编. -- 北京：人民邮电出版社，2024.7
工业和信息化精品系列教材. 大数据技术
ISBN 978-7-115-63854-0

Ⅰ. ①大… Ⅱ. ①宿… ②王… ③于… Ⅲ. ①数据处理－高等学校－教材 Ⅳ. ①TP274

中国国家版本馆CIP数据核字(2024)第046533号

内 容 提 要

本书按照大数据分析流程，以电商产品数据为例，由浅入深地讲解大数据分析的核心开发技术，以及大数据分析工具及其组件的作用和使用方法。本书内容系统、全面，可帮助读者快速掌握大数据分析技术。本书介绍了大数据分析的概念、应用场景、分析指标、分析工具、分析组件、分布式存储、分布式处理、数据离线分析、数据实时分析、数据挖掘，以及数据迁移等知识，并通过实际的操作案例，详细、直观地介绍了大数据分析的实现过程。

本书可作为高等职业院校大数据技术等专业的教材，也可作为大数据分析技术人员的参考书。

◆ 主　　编　宿佳宁　王　林　于丽娜
　　副主编　尹洪岩　张　磊　张成勇
　　责任编辑　赵　亮
　　责任印制　王　郁　焦志炜

◆ 人民邮电出版社出版发行　北京市丰台区成寿寺路 11 号
　　邮编　100164　电子邮件　315@ptpress.com.cn
　　网址　https://www.ptpress.com.cn
　　三河市君旺印务有限公司印刷

◆ 开本：787×1092　1/16
　　印张：12　　　　　　　　　　　　2024 年 7 月第 1 版
　　字数：258 千字　　　　　　　　　2024 年 7 月河北第 1 次印刷

定价：49.80 元

读者服务热线：(010)81055256　印装质量热线：(010)81055316
反盗版热线：(010)81055315
广告经营许可证：京东市监广登字 20170147 号

前言 PREFACE

随着信息技术的日渐普及、宽带网络的快速兴起，以及云计算、移动互联和物联网等新一代信息技术的广泛应用，全球数据的增长速度进一步加快。大数据分析技术能够帮助人们从海量数据中提取有用的信息，支持决策制定、优化业务运营和管理、推动创新创造，改善社会和公共领域的发展。随着数据规模的不断增长和技术的不断进步，大数据分析技术将继续发挥重要作用，并对各个领域产生深远的影响。

本书以大数据分析为主线，贯穿电商产品数据分析项目，讲解大数据分析工具各组件的功能和使用方法，旨在提高学生与大数据分析相关的知识水平和实际项目开发能力。本书知识点的讲解由浅入深，力求在保证知识架构完整的前提下，使每一位学生都能有所收获。

本书结构清晰、内容详细，主要包括初识电商产品数据的处理与分析、电商产品数据分布式存储、电商产品数据分布式处理、电商产品数据离线分析、电商产品数据实时分析、电商产品数据挖掘、电商产品数据迁移7个项目，每个项目都通过项目导言、项目导图、知识目标、技能目标、素养目标、任务描述、素质拓展、任务技能、任务实施、项目小结、课后习题、自我评价等模块进行相应知识的讲解。其中，项目导言通过实际情景对本项目的主要内容进行介绍；项目导图帮助学生厘清知识脉络；知识目标、技能目标、素养目标对本项目的学习提出要求；任务描述对当前任务的实现进行概述；素质拓展可以潜移默化地对学生的思想、行为举止产生影响，落实"立德树人"根本任务；任务技能对当前项目所需知识进行讲解；任务实施对当前任务进行具体实现；项目小结对本项目内容进行总结；课后习题和自我评价帮助学生巩固所学知识及判断知识掌握程度。

本书提供了源代码、教学PPT、微课视频、习题参考答案等配套资源，读者可以扫描封底二维码或登录人邮教育社区（www.ryjiaoyu.com）下载查看。

本书由宿佳宁、王林、于丽娜任主编，尹洪岩、张磊、张成勇任副主编。参与本书编写的还有浪潮集团有限公司穆建平、王建、刘安娜、王绪良、李浩瑜，以及济南职业学院王彤宇、崔敏等。

由于编者水平有限，本书难免存在不足之处，欢迎广大读者批评指正。

编者
2024年3月

目录 CONTENTS

项目 1
初识电商产品数据的处理与分析 ······ 1
项目导言 ······ 1
项目导图 ······ 1
知识目标 ······ 1
技能目标 ······ 2
素养目标 ······ 2

任务 1-1 电商产品数据背景及大数据分析概述 ······ 2
任务描述 ······ 2
素质拓展 ······ 2
任务技能 ······ 2
 技能点 1 电商产品数据背景 ······ 2
 技能点 2 大数据分析的概念 ······ 4
 技能点 3 大数据分析的应用场景 ······ 5
 技能点 4 大数据分析的指标 ······ 9
任务实施 ······ 12

任务 1-2 电商产品数据处理与分析项目准备 ······ 12
任务描述 ······ 12
素质拓展 ······ 12
任务技能 ······ 12
 技能点 1 认识大数据分析工具 Hadoop ······ 12
 技能点 2 Hadoop 生态组件 ······ 15
 技能点 3 大数据分析的流程 ······ 19
 技能点 4 大数据分析的企业级应用 ······ 20

任务实施 ······ 22
项目小结 ······ 26
课后习题 ······ 26
自我评价 ······ 27

项目 2
电商产品数据分布式存储 ······ 28
项目导言 ······ 28
项目导图 ······ 28
知识目标 ······ 28
技能目标 ······ 29
素养目标 ······ 29

任务 2-1 使用 HDFS Shell 管理电商产品数据 ······ 29
任务描述 ······ 29
素质拓展 ······ 29
任务技能 ······ 29
 技能点 1 什么是 HDFS ······ 29
 技能点 2 HDFS 存储架构 ······ 30
 技能点 3 HDFS 文件存取机制 ······ 32
 技能点 4 HDFS Shell 基础命令 ······ 36
 技能点 5 HDFS Shell 管理命令 ······ 38
任务实施 ······ 40

任务 2-2 使用 HDFS 库管理电商产品数据 ······ 44
任务描述 ······ 44
素质拓展 ······ 44
任务技能 ······ 44
 技能点 1 HDFS 库简介 ······ 44

技能点2　HDFS 库方法 …………… 44
　　任务实施 …………………………… 48
　项目小结 ……………………………… 51
　课后习题 ……………………………… 51
　自我评价 ……………………………… 52

项目 3

电商产品数据分布式处理 …… 53

　项目导言 ……………………………… 53
　项目导图 ……………………………… 53
　知识目标 ……………………………… 53
　技能目标 ……………………………… 53
　素养目标 ……………………………… 54
　任务 3-1　使用正则表达式匹配电商
　　　　　　产品数据 ………………… 54
　　任务描述 …………………………… 54
　　素质拓展 …………………………… 54
　　任务技能 …………………………… 54
　　　技能点1　MapReduce 简介 …… 54
　　　技能点2　YARN 简介 …………… 56
　　　技能点3　正则表达式 …………… 59
　　任务实施 …………………………… 61
　任务 3-2　使用 Hadoop Streaming
　　　　　　处理电商产品数据 ……… 64
　　任务描述 …………………………… 64
　　素质拓展 …………………………… 64
　　任务技能 …………………………… 64
　　　技能点1　Hadoop Streaming 简介 … 64
　　　技能点2　Hadoop Streaming 的使用
　　　　　　　方法 …………………… 64
　　任务实施 …………………………… 65
　项目小结 ……………………………… 71
　课后习题 ……………………………… 71
　自我评价 ……………………………… 72

项目 4

电商产品数据离线分析 ……… 73

　项目导言 ……………………………… 73
　项目导图 ……………………………… 73
　知识目标 ……………………………… 73
　技能目标 ……………………………… 74
　素养目标 ……………………………… 74
　任务 4-1　使用 Hive 创建电商产品
　　　　　　数据库 …………………… 74
　　任务描述 …………………………… 74
　　素质拓展 …………………………… 74
　　任务技能 …………………………… 74
　　　技能点1　Hive 数据库操作 …… 74
　　　技能点2　Hive 表操作 ………… 76
　　　技能点3　Hive 数据操作 ……… 78
　　任务实施 …………………………… 80
　任务 4-2　使用 Hive 对电商产品数据
　　　　　　进行统计 ………………… 84
　　任务描述 …………………………… 84
　　素质拓展 …………………………… 84
　　任务技能 …………………………… 84
　　　技能点1　算术运算 ……………… 84
　　　技能点2　数据查询 ……………… 85
　　任务实施 …………………………… 88
　任务 4-3　使用 Spark 创建基于电商
　　　　　　产品数据的分布式数据
　　　　　　容器 ……………………… 95
　　任务描述 …………………………… 95
　　素质拓展 …………………………… 95
　　任务技能 …………………………… 95
　　　技能点1　Spark SQL 简介 …… 95
　　　技能点2　DataFrame 简介 …… 97
　　　技能点3　创建 DataFrame ……… 98
　　任务实施 …………………………… 102

任务 4-4　使用 Spark SQL 完成电商
　　　　　产品数据分析 …………… 103
　　任务描述 ……………………………… 103
　　素质拓展 ……………………………… 104
　　任务技能 ……………………………… 104
　　　技能点 1　数据查看 …………… 104
　　　技能点 2　数据过滤 …………… 105
　　　技能点 3　数据处理 …………… 105
　　　技能点 4　数据存储 …………… 107
　　任务实施 ……………………………… 108
　项目小结 ………………………………… 111
　课后习题 ………………………………… 111
　自我评价 ………………………………… 112

项目 5

电商产品数据实时分析 ……… 113

　项目导言 ………………………………… 113
　项目导图 ………………………………… 113
　知识目标 ………………………………… 113
　技能目标 ………………………………… 113
　素养目标 ………………………………… 114
　任务 5-1　创建数据流 ……………… 114
　　任务描述 ……………………………… 114
　　素质拓展 ……………………………… 114
　　任务技能 ……………………………… 114
　　　技能点 1　流式计算简介 ……… 114
　　　技能点 2　Spark Streaming 简介 …… 116
　　　技能点 3　DStream 简介 ……… 117
　　　技能点 4　DStream 的创建 …… 118
　　任务实施 ……………………………… 120
　任务 5-2　使用 Spark Streaming
　　　　　对电商产品数据进行实时
　　　　　分析 ……………………… 122
　　任务描述 ……………………………… 122
　　素质拓展 ……………………………… 122
　　任务技能 ……………………………… 122

　　　技能点 1　DStream 转换操作 …… 122
　　　技能点 2　DStream 窗口操作 …… 124
　　　技能点 3　DStream 输出操作 …… 125
　　　技能点 4　Spark Streaming 的启动与
　　　　　　　　停止 ………………… 126
　　任务实施 ……………………………… 127
　项目小结 ………………………………… 134
　课后习题 ………………………………… 134
　自我评价 ………………………………… 135

项目 6

电商产品数据挖掘 …………… 136

　项目导言 ………………………………… 136
　项目导图 ………………………………… 136
　知识目标 ………………………………… 136
　技能目标 ………………………………… 137
　素养目标 ………………………………… 137
　任务 6-1　处理电商产品数据 …… 137
　　任务描述 ……………………………… 137
　　素质拓展 ……………………………… 137
　　任务技能 ……………………………… 137
　　　技能点 1　Spark MLlib 概述 …… 137
　　　技能点 2　Spark MLlib 的数据
　　　　　　　　类型 ………………… 138
　　　技能点 3　特征提取与数据处理 …… 140
　　任务实施 ……………………………… 144
　任务 6-2　使用 Spark MLlib 对电商
　　　　　产品定价 ……………… 151
　　任务描述 ……………………………… 151
　　素质拓展 ……………………………… 152
　　任务技能 ……………………………… 152
　　　技能点 1　分类算法 …………… 152
　　　技能点 2　回归算法 …………… 155
　　　技能点 3　推荐算法 …………… 156
　　　技能点 4　算法评估 …………… 157
　　任务实施 ……………………………… 159

项目小结 ………………………………… 162
课后习题 ………………………………… 162
自我评价 ………………………………… 163

项目 7

电商产品数据迁移 ………… 164

项目导言 ………………………………… 164
项目导图 ………………………………… 164
知识目标 ………………………………… 164
技能目标 ………………………………… 164
素养目标 ………………………………… 165
任务 7-1　根据电商产品数据统计结果
　　　　　创建数据表并查看 ………… 165
　　任务描述 …………………………… 165
　　素质拓展 …………………………… 165
　　任务技能 …………………………… 165
　　　技能点 1　Sqoop 架构 …………… 165
　　　技能点 2　Sqoop 连接器 ………… 167

技能点 3　Sqoop 配置数据库密码的
　　　　　方式 ………………………… 167
技能点 4　列出所有数据库 ………… 168
技能点 5　列出数据库中的所有表 … 169
任务实施 ……………………………… 169
任务 7-2　使用 Sqoop 导出 Hive
　　　　　中的电商产品数据统计
　　　　　结果 ………………………… 172
　　任务描述 …………………………… 172
　　素质拓展 …………………………… 172
　　任务技能 …………………………… 173
　　　技能点 1　Sqoop 数据导入与
　　　　　　　　导出 ………………… 173
　　　技能点 2　其他常用命令 ………… 176
　　任务实施 …………………………… 178
项目小结 ………………………………… 183
课后习题 ………………………………… 183
自我评价 ………………………………… 184

项目1
初识电商产品数据的处理与分析

项目导言

互联网的发展使数据呈爆炸式增长,给数据分析工作带来极大压力。若利用传统的数据分析和存储工具,不仅难以满足长时间、高强度的计算需求,而且极易出现故障,大数据技术的出现使得这一情况发生了转变。近年来,大数据技术不断发展,逐渐成为各大企业"追捧"的对象,尤其是电商和服务类企业。大数据技术应用的重点在于通过了解用户需求从而定制个性化服务。电商产品数据的处理与分析就是一个基于上述需求开发的、建立于 Hadoop 之上的可视化项目。

项目导图

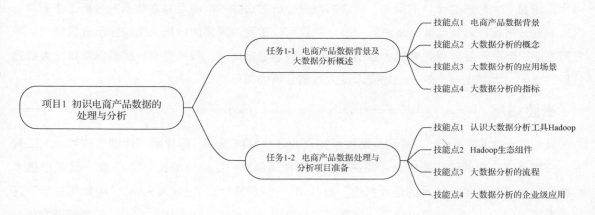

知识目标

- 了解大数据分析的相关知识。
- 熟悉大数据分析在不同领域的具体应用。
- 熟悉大数据分析工具及其生态组件的作用。
- 了解大数据分析企业级应用内部结构。

技能目标

➢ 具备启动 Hadoop 相关服务的能力。
➢ 掌握大数据分析的流程。

素养目标

➢ 通过了解大数据分析相关知识，培养对大数据分析技术的热情和好奇心，激发学习动力和探索欲望。
➢ 通过学习大数据分析应用场景和指标，思考大数据在实际生活和工作中的意义，培养社会责任感。

任务 1-1 电商产品数据背景及大数据分析概述

任务描述

数据分析是指用适当的统计分析方法对收集的大量第一手资料和第二手资料进行分析，为了提取有用信息和形成结论而对数据加以详细研究和概括总结的过程。数据分析的数学基础在 20 世纪前期就已确立，但直到计算机出现才使得实际操作成为可能，并使数据分析得以推广，也可以说数据分析是数学与计算机科学相结合的产物。传统的数据分析方法分析的数据量较小，分析结果滞后，随着"大数据时代"的来临，传统的数据分析方法并不能满足海量数据的分析工作要求，而大数据分析可以对整个数据集进行分析，并且可以做到边采集边分析，实时显示分析结果。本任务主要以电商产品数据为例对大数据分析相关概念进行讲解，包括电商产品数据背景、大数据分析的概念、大数据分析的应用场景以及大数据分析的指标。

素质拓展

党的二十大报告提出："推动战略性新兴产业融合集群发展，构建新一代信息技术、人工智能、生物技术、新能源、新材料、高端装备、绿色环保等一批新的增长引擎。"新一代信息技术给我们带来了数字经济发展的巨大机遇。近几年，大数据理念已经深入人心，"用数据说话"逐渐成为了人们的共识，数据也成了非常重要的战略资源。目前，我国大数据产业政策日渐完善，大数据技术、应用和产业都取得了非常明显的进展。在大数据领域探索的道路上，国内众多知名企业如浪潮、华为、阿里等都作出极具特色的创新和突出贡献，推进了国内大数据产业的发展。

任务技能

技能点 1 电商产品数据背景

随着移动互联网的发展，网购已经成为人们生活中不可或缺的一部分，在

微课 1-1 电商产品数据背景

这一活动中必定产生大量的交易数据，其中包含大量可挖掘的信息，例如利用大数据分析进行商品的精准营销、实现营销流程的优化、为企业提供数据服务等。

（1）商品精准营销

商品精准营销是大数据分析在电子商务营销中最突出的作用之一。通过用户画像及消费行为分析，企业将营销与消费者连接起来，实现商品的精准营销，节约消费者寻找意向商品的时间，大大提升交易双方的效益。用户画像及消费行为分析如图 1-1 所示。

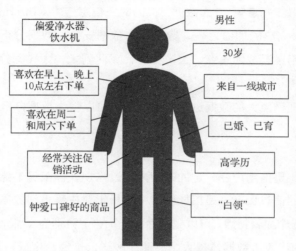

图 1-1　用户画像及消费行为分析

（2）营销流程优化

在营销流程上，通过对商品库存的实时监控，综合整体数据分析和预测评估，企业可以降低库存管理成本，合理优化库存，提高效率。在消费者下单后，企业还可以通过分析选择最优的配送方案，使整个营销流程更加紧密。商品库存实时监控分析如图 1-2 所示。

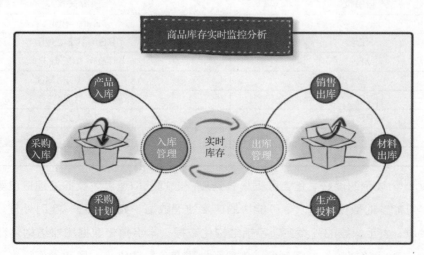

图 1-2　商品库存实时监控分析

（3）为企业提供数据服务

大数据分析能够帮助一些电商平台提升商品的转化率以及增加销售额，不仅可以提升收益，还可以帮助商家获取消费者的消费喜好、商品喜爱程度等信息，从而及时对商品类型以及销售方式做出调整。

技能点 2 大数据分析的概念

随着互联网数据的爆炸式增长，"大数据"成为时下信息技术（Information Technology，IT）行业最火热的词语之一，数据库、数据安全、数据分析、数据挖掘等大数据商业应用逐渐成为焦点，大数据时代就此到来，大数据分析也应运而生。

微课 1-2 大数据分析的概念及应用场景

大数据分析是指对规模巨大的数据进行数据分析。可以将大数据分析分为大数据和数据分析两个方面。

（1）大数据

大数据（Big Data）是指用户在一定的时间内通过常规软件工具不能获取、管理和处理的海量、高增长率和多样化的信息资产，是指能够从中分析出对决策有利数据的庞大数据集合。

目前，大数据具有 5 个显著特点，可以概括为"5 个 V"，分别为 Volume、Velocity、Variety、Value、Veracity，分别代表大数据体量大、高速、多样、价值密度低、真实 5 个特征。具体说明如下。

① Volume。表示数据量大，不仅包含分析的数据，还包含采集和存储的数据，数据量会达到 TB 级、PB 级甚至 EB 级的规模。与数据相关的计量单位的换算关系如表 1-1 所示。

表 1-1 计量单位的换算关系

计量单位	换算关系
Byte	1Byte=8bit
KB	1KB= 1024Byte
MB	1MB= 1024KB
GB	1GB= 1024MB
TB	1TB= 1024GB
PB	1PB= 1024TB
EB	1EB= 1024PB
ZB	1ZB= 1024EB

② Velocity。表示速度快，包含数据增长速度、数据获取速度、数据处理速度等，要求在短时间内获取尽可能多的数据，并以尽可能快的速度处理数据，如批处理、实时处理、流处理等。

③ Variety。表示数据的种类多，包括结构化数据、半结构化数据和非结构化数据。

④ Value。表示数据的价值密度低，信息无处不在，数量庞大，导致价值密度相对较低，因此需要结合业务逻辑利用大数据分析技术挖掘数据价值。

⑤ Veracity。表示数据质量,由于数据来源于现实生活,因此数据需要具有来源和信誉,以及可信性、有效性、可审计性等。

(2)数据分析

大数据最初给人一种虚无缥缈的感觉,让人面对庞大的数据无处着手。随着大数据技术的不断创新,现已出现大数据采集、大数据处理、大数据分析等技术。其中,对大数据进行分析是最重要的一个过程,目的是从海量数据中提取有用信息并形成结论以帮助人们更好地解读数据,从而做出预测性的推论,这也从侧面说明只有经过大数据分析操作后的数据才能产生重要价值。工业信息大数据分析如图 1-3 所示。

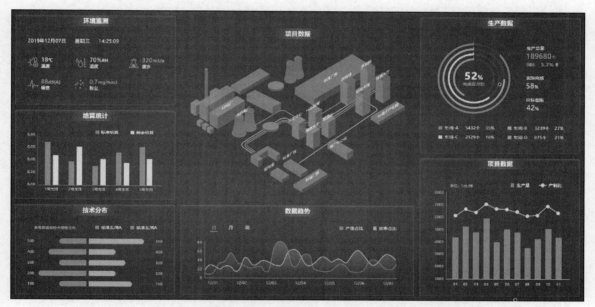

图 1-3 工业信息大数据分析

总的来说,大数据分析是通过运用新系统、新工具、新模型对大量、动态、可持续的数据进行挖掘,从而获得具有洞察力和新价值的信息的一项技术。

技能点 3 大数据分析的应用场景

大数据分析可应用于各行各业,对人们收集到的庞大数据进行分析、整理,实现信息的有效利用。

(1)金融领域

在金融领域,面对数量庞大的交易、报价、业绩报告、消费者研究报告、各类统计数据、各类指数等数据,大数据分析的广泛应用已经是不可阻挡的时代趋势,主要包括用户画像、精准营销、风险管控、欺诈行为分析、股价预测等应用。大数据分析在金融领域的应用如图 1-4 所示。

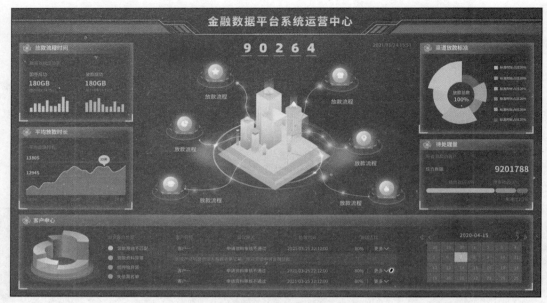

图1-4 大数据分析在金融领域的应用

（2）医疗领域

在医疗领域，医生往往希望更多地收集患者信息，更早地发现疾病，以降低患者身体健康受损的风险，减少医疗支出。通过对医疗数据的分析，可以预测流行病的爆发趋势、避免感染、降低医疗成本、实时健康状况告警、医学影像诊断等。大数据分析在医疗领域的应用如图1-5所示。

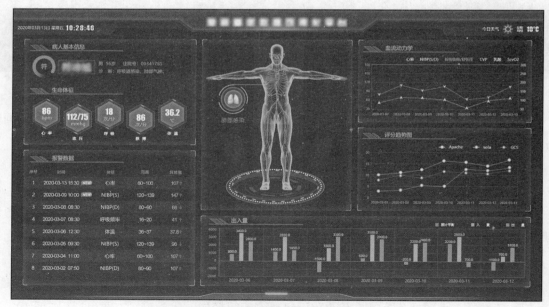

图1-5 大数据分析在医疗领域的应用

（3）农牧领域

借助大数据分析提供的消费能力和趋势报告，为农牧生产提供引导，根据需求最大化进行生产,以避免产能过剩而造成资源和社会财富的浪费,实现农牧业的精细化管理和科学决策。大数据分析在农牧领域的应用如图 1-6 所示。

图 1-6 大数据分析在农牧领域的应用

（4）零售领域

传统零售企业通过将传统零售业务与大数据分析相结合,可以完成用户需求分析、用户体验分析,实现精准宣传、减少成本等。例如,根据销售的结果,利用大数据进行分析,可以找出用户需求较大的商品,放在显眼的位置,或者进行捆绑销售,提高成交率；也可以对用户的浏览记录和购买行为进行分析,预测用户的兴趣和爱好,打造舒适的购物环境,提高成交率；还可以利用大数据来对本季度销量进行预测,根据预测结果安排生产,改善运营方式,减少成本。大数据分析在零售领域的应用如图 1-7 所示。

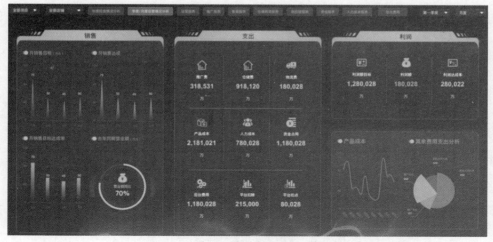

图 1-7 大数据分析在零售领域的应用

（5）交通领域

在交通领域，大数据分析主要应用在道路信息的智能监测、城市道路信号灯智能调节、交通事故的风险预警等场景。例如，通过对道路上车辆的数量、行驶速度和道路状况的大数据分析，帮助交通管理部门做出判断和决策；对实时车流进行分析，道路信号灯实现自动调节，对车辆来往数量、拥堵路段等进行控制，能避免造成道路堵塞，有效防止交通事故的发生；通过对海量翔实的交通数据进行快速分析和反馈，可以判断和预测道路可能存在的交通事件和事故风险状况。大数据分析在交通领域的应用如图1-8所示。

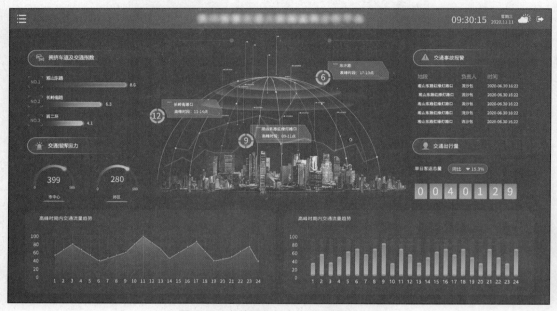

图1-8　大数据分析在交通领域的应用

（6）广告领域

通过对用户搜索数据的分析，构建用户画像，然后进行个性化的推荐，实现精准的广告投放，提升广告投放效率，进而提升用户体验，提高用户留存率。大数据分析在广告领域的应用如图1-9所示。

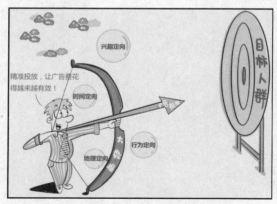

图1-9　大数据分析在广告领域的应用

技能点 4 　大数据分析的指标

微课 1-3　大数据分析的指标

在大数据时代，数据是进行决策的重要支撑。数据分析离不开对企业关键指标的跟踪，这些指标与商业模式有关。数据指标有别于传统意义上的统计指标，它是通过对数据进行分析得到的汇总结果，是将业务单元精分和量化后的度量值，使得业务目标可描述、可度量、可拆解。数据指标根据适用范围与作用的不同，可以分为如下几种。

（1）数据总体概览指标

数据总体概览指标是反映整体规模、总量的指标，能够直接表示总体情况，通常使用在报表中，如每日活跃用户数、新增用户数等，如图 1-10 所示。

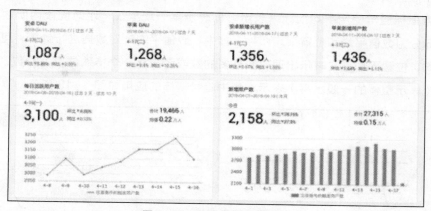

图 1-10　数据总体概览指标

（2）对比性指标

对比性指标根据对比情况可以分为同比和环比，其中，同比是指以上一年同期为基期进行数据对比，如图 1-11 所示。

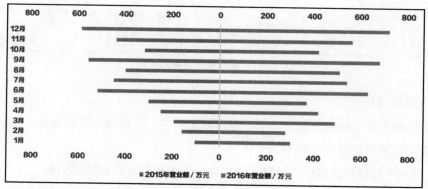

图 1-11　同比指标

环比是指与上一个相邻的统计周期进行数据对比，如图 1-12 所示。

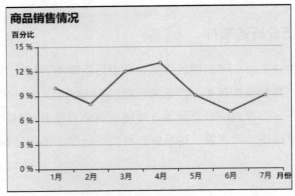

图1-12 环比

(3) 集中趋势指标

集中趋势指标通常使用平均指标来表示,即表示某一现象在一定时间段内所达到的一般水平。平均指标分为数值平均和位置平均两种,其中,数值平均针对数据进行计算,可分为普通平均和加权平均;位置平均通常表示出现次数最多的数或者在某一个特殊位置上的数,分别通过众数和中位数(表示整体的一般水平)表示。集中趋势指标的应用如图1-13所示。

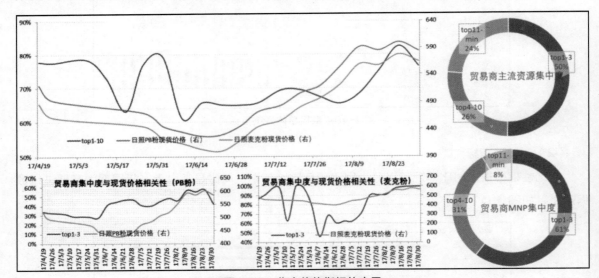

图1-13 集中趋势指标的应用

(4) 用户数据指标

用户数据指标主要反映用户静态情况,包括新增用户、新增用户所选渠道、活跃用户、用户留存率等,常用的用户数据指标如下。

① 新增用户:每日新增用户的数量,一般为一天内新登录应用的用户数。

② 新增用户所选渠道:根据渠道维度进行拆解,查看不同渠道的新增用户数,判断不同渠道的推广效果。

③ 活跃用户:根据周期的不同,活跃用户可分为日活跃用户(Daily Active User,DAU)

和月活跃用户（Monthly Active User，MAU）。需要注意的是，不同的产品对活跃用户的定义不同。

④ 用户留存率：在一定时间段内，继续使用某个产品或服务的用户比例。通常可分为 7 日留存率、30 日留存率、N 日留存率等。

（5）用户行为数据指标

用户行为数据指标主要反映用户的动态情况，如 UV（Unique Visitor，独立访客）、PV（Page View，页面访问量）等。常用的用户行为数据指标如表 1-2 所示。

表 1-2 常用的用户行为数据指标

类别	指标	描述
网站分析指标	UV	访问某网站的用户数
	PV	网站的页面浏览量
	访问深度	体现网站对用户的吸引程度
	单击率	指用户单击某个链接、页面或 Banner 的次数，可重复累计
	网页停留时长	某个页面被用户访问，在该页面的停留时长
	网站停留时长	某个网站被用户访问，在该网站的停留时长
	跳出率	只浏览入口页面（如网站首页）便离开网站的访问次数与总访问次数的百分比
	退出率	指用户访问某网站的某个页面之后，从浏览器中将与此网站相关的所有页面全部关闭的次数与 PV 的百分比
	访问次数	访问网站的次数，可重复累计
	转换次数	用户到达转换目标页面的次数
	转化率	指产生指定行为的用户与访问用户的百分比
活动效果指标	活动单击率	用户单击活动链接的次数与总单击次数的百分比
	活动参与人数	参与活动的总人数
	活动转化率	用户到达转化目标的次数与活动参与人数的百分比
	活动总投资收益率	反映投入和产出的关系
收入指标	付费人数	确认付费的总人数
	订单数	订单的总数量，不包含退货的订单
	客单价	每一个顾客平均购买商品的金额
	商品交易总额	指下单产生的总金额
	复购频次	重复购买同一商品的次数
	毛利额	即"毛利润"，是指销售收入扣除主营业务的直接成本后的部分
	毛利率	毛利额与销售收入（或营业收入）的百分比
用户价值指标	下单时间	用户最近一次的下单时间
	用户下单频次	用户下单的次数
	用户消费总金额	用户在同一地点消费的总金额

任务实施

请上网查阅相关资料以及参考本任务技能点介绍的知识，思考大数据分析还有哪些应用场景并补充表 1-3。

表 1-3 大数据分析应用场景

大数据分析应用场景	具体案例说明

任务 1-2 电商产品数据处理与分析项目准备

任务描述

如今，大小企业都可以利用商业智能工具来处理复杂的大数据。通过收集和分析这些数据，并将其转化成易于理解的报告，可以为企业提供有价值的决策，从而提高企业利润。目前，常用的大数据分析工具有 Hadoop、HPCC、RapidMiner、Pentaho BI 等，本任务主要讲解利用 Hadoop 对数据进行分布式处理与分析，本任务主要实现导入已构建好大数据集群的 Linux，并启动 Hadoop 服务。在任务实现过程中，首先介绍 Hadoop 及其生态组件，然后讲解大数据分析流程以及大数据分析的企业级应用，并在任务实施中进行 Hadoop 相关服务的操作，为某电商产品数据的处理与分析做好准备。

素质拓展

"工欲善其事，必先利其器"经常被人们引用，这句话出自《论语·卫灵公》的"子贡问为仁。子曰：'工欲善其事，必先利其器。居是邦也，事其大夫之贤者，友其士之仁者。'"要想把工作完成，做得完善，应该先把工具准备好。进行大数据的分析，同样需要准备好能够分析海量数据的工具，这样才能够做到事半功倍，提高效率。

任务技能

技能点 1 认识大数据分析工具 Hadoop

由于数据量庞大，因此在生产环境中需要通过集群的方式完成数据的分析操作。目前，Hadoop 是最常用的大数据分析工具之一，它可以与不同的组件相互配合完成海量数据的分析。

微课 1-4 认识大数据分析工具 Hadoop

1. Hadoop 简介

Hadoop 起源于 Lucene 的子项目 Nutch，由 Doug Cutting 推出，最初是一个开源的 Web 搜索引擎项目，但随着网页数量的不断增加，其可扩展性出现问题，无法对海量的网页进行存储和索引。Nutch 图标如图 1-14 所示。

2003—2004 年，Google 发表的关于谷歌文件系统（Google File System，GFS）和分布式计算框架 MapReduce 相关的论文为 Nutch 遇到的问题提供了可行的解决方案，使得 Nutch 项目被重构，性能飙升，可以运行在更多的机器上，并与雅虎组建开发团队将分布式计算模块从 Nutch 中剥离，将其命名为"Hadoop"，最终用于实现海量 Web 数据的处理。Hadoop 图标如图 1-15 所示。

2005 年，Hadoop 被正式引入 Apache 软件基金会（Apache Software Foundation，ASF），并于 2006 年 2 月被独立出来，成为一套完整的独立软件，被重新命名为"Apache Hadoop"，支持 MapReduce 和 Hadoop 分布式文件系统（Hadoop Distributed File System，HDFS）的独立发展，主要用于大规模数据的分布式处理，可以在用户不了解分布式底层详细内容的情况下实现程序的分布式开发，并能够通过整合集群的性能高速地进行运算和存储。Apache Hadoop 图标如图 1-16 所示。

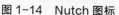
图 1-14　Nutch 图标

图 1-15　Hadoop 图标

图 1-16　Apache Hadoop 图标

2. Hadoop 的优势

Hadoop 是一个分布式计算平台，用户可以轻松地在 Hadoop 上开发和运行用于操作大量数据的应用程序，它具有高扩展性、高效性和高容错性等特点，给大数据开发带来了很多的方便，具体如下。

① 高扩展性：Hadoop 按照水平可伸缩性原理工作，可以在可用的计算机集群间分配数据并完成计算任务，这些集群可以方便地扩展到数以千计的节点中。

② 高效性：Hadoop 能够在节点之间动态地移动数据，保证各个节点的动态平衡，因此处理速度非常快。

③ 高容错性：Hadoop 能够自动保存数据的多个副本，当一个副本发生故障时，其他副本可供使用。

④ 高性价比：Hadoop 可以部署在多台廉价的计算机中，因此成本不是很高。

⑤ 高吞吐量：Hadoop 以分布式方式对数据进行操作，可将一个作业拆分为多个小作业并行操作，从而提高吞吐量。

⑥ 开源：Hadoop 是开源的一种免费技术，源代码可免费获得。

⑦ 易于使用：在使用 Hadoop 时，用户不需要关心分布式操作是如何实现的，只需按照固定的模板编写程序即可。

⑧ 支持多种语言：Hadoop 上的应用程序可以使用多种语言进行编程，如 C、C++、Perl、Python、Java 等。

3. Hadoop 的版本

Hadoop 从问世至今，共经历了 3 个大版本，分别是 Hadoop 1.0、Hadoop 2.0 和 Hadoop 3.0，其中，Hadoop 1.0、Hadoop 2.0 是最具代表性的，目前最高版本为 Hadoop 3.0。

（1）Hadoop 1.0

Hadoop 1.0 就是第一代的 Hadoop，主要由 HDFS 和 MapReduce 两个组件组成，其中，HDFS 包含一个 NameNode 和多个 DataNode，MapReduce 包含一个 JobTracker 和多个 TaskTracker。Hadoop 1.0 架构如图 1-17 所示。

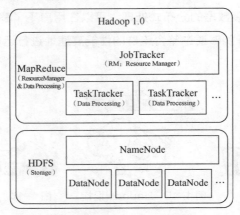

图 1-17 Hadoop 1.0 架构

（2）Hadoop 2.0

相对于 Hadoop 1.0，Hadoop 2.0 的变化主要在于增加了一个新组件 YARN，形成了全新的架构。在 Hadoop 2.0 中，HDFS 部分增加了一个 NameNode，解决了单点故障问题（即系统中某关键组件一旦失效，就会让整个系统无法运作）；原先的 MapReduce 部分用于分布式计算，YARN 部分用于资源管理，YARN 由多个 NodeManager 和一个 ResourceManager 组成。另外，YARN 除了可以对 MapReduce 进行管理，还可以为其他组件提供支持，如 Tez、Spark、Storm 等。尽管 Hadoop 1.0、Hadoop 2.0 都包含 HDFS 和 MapReduce 两个组件，但两个版本是互不兼容的。Hadoop 2.0 架构如图 1-18 所示。

（3）Hadoop 3.0

Hadoop 3.0 在 Hadoop 2.0 的基础上进行了优化，对可扩展性和资源利用率进行了提升，具有更高的性能、更强的容错能力以及更强的数据处理能力。但相对于 Hadoop 1.0 到 Hadoop 2.0 底层架构的改动，Hadoop 3.0 的改动不大，只是将一个 NameNode 扩展为多个 NameNode。Hadoop 3.0 架构如图 1-19 所示。

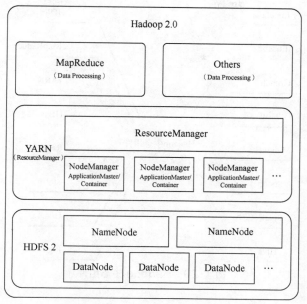

图 1-18　Hadoop 2.0 架构

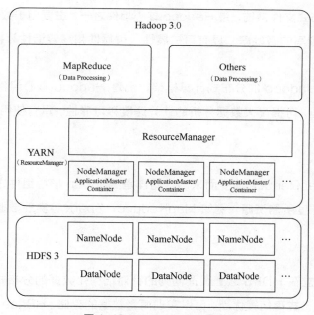

图 1-19　Hadoop 3.0 架构

技能点 2　Hadoop 生态组件

现在的 Hadoop 已经不再是单纯的 HDFS 和 MapReduce,而是一种标准,是其所支持的一系列数据操作技术的集合,其生态囊括流计算、OLAP(Online Analytical Processing,联机分析处理)、消息系统等,它们被称为组件。Hadoop 生态组件如图 1-20 所示。

微课 1-5
Hadoop 生态组件

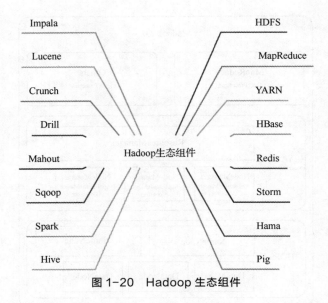

图 1-20 Hadoop 生态组件

（1）HDFS

HDFS 是一个分布式文件系统，是 Hadoop 核心组件之一，主要用于数据文件的分布式存储，可提高 Hadoop 数据读写的吞吐率，具有可扩展性、可靠性和高容错性等特点。

（2）MapReduce

MapReduce 是 Hadoop 的分布式计算框架，也是 Hadoop 核心组件之一，主要面向大型数据的并行计算和处理，可提高大数据分析的计算速度和可靠性，具有使用简单、可大规模扩展、容错能力强等优势。

（3）YARN

YARN 是基于 MapReduce 演变而来的，同样是 Hadoop 核心组件之一，是一个通用的运行框架，为运算程序调度所需资源，例如 MapReduce、Spark 等实现数据的处理和运算就需要 YARN 的支持。

（4）HBase

HBase 是一个建立在 HDFS 之上、面向列的针对结构化数据的分布式列存储数据库，具有高可靠性、高性能、分布式存储等优点，可以实现海量数据的存储。HBase 图标如图 1-21 所示。

图 1-21 HBase 图标

（5）Redis

Redis 是一个基于 ANSI C 语言开发的、开源的 Key-Value 内存数据库，是 NoSQL 数据库的一种，具有性能高、数据类型丰富、可进行原子操作等优势，并提供了多种语言的 API（Application Program Interface，应用程序接口）。Redis 图标如图 1-22 所示。

（6）Storm

Storm 是一个分布式实时大数据处理系统，具有容错性高、处理速度快、部署简单等优点，主要用于流计算，通常用于实时分析、在线机器学习、持续计算等场景。Storm 图标如图 1-23 所示。

图 1-22　Redis 图标　　　　　　　　图 1-23　Storm 图标

（7）Hama

Hama 是基于 BSP（Bulk Synchronous Parallel，整体同步并行）计算技术建立在 Hadoop 上的分布式并行计算框架，主要用于大规模的科学计算（如矩阵、图论、网络等），运行环境需要关联 ZooKeeper、HBase、HDFS 组件。Hama 图标如图 1-24 所示。

（8）Pig

Pig 是由雅虎开源的一种基于 MapReduce 的并行数据分析工具，使用类似于 SQL 的面向数据流的语言 Pig Latin，通常用于分析较大的数据集，并将其表示为数据流。Pig 图标如图 1-25 所示。

图 1-24　Hama 图标　　　　　　　　图 1-25　Pig 图标

（9）Hive

Hive 是由 Facebook（现已更名为 Meta）开源的、构建在 Hadoop 之上的一种数据库工具，通过使用与 SQL 几乎完全相同的 HiveQL，能够实现海量结构化的日志数据统计，通常用于大数据的离线分析。Hive 图标如图 1-26 所示。

（10）Spark

Spark 是一个基于内存的、通用并行的分布式计算框架，可高速地对海量数据进行分析，具有低延迟、分布式内存计算、简单、易用等优点，通常应用于批处理、迭代计算、交互式查询、流处理等场景中。Spark 图标如图 1-27 所示。

图 1-26　Hive 图标

图 1-27　Spark 图标

（11）Sqoop

Sqoop 是 Hadoop 中的一款数据库操作工具，主要用于传统关系数据库和 Hadoop 之间数据的传输。Sqoop 图标如图 1-28 所示。

（12）Mahout

Mahout 是 Apache 软件基金会推出的一个开源的、可扩展的机器学习和数据挖掘库，提供了多种机器学习的经典算法，帮助开发人员更加方便、快捷地进行机器学习的开发。Mahout 图标如图 1-29 所示。

图 1-28　Sqoop 图标

图 1-29　Mahout 图标

（13）Drill

Drill 是一个开源的、低延迟的分布式海量数据交互式查询引擎，不仅允许查询任何结构的数据，还适用于各种非关系数据的存储，包括 HDFS、NoSQL 数据库（如 MongoDB、HBase 等）等，甚至可以满足上千节点的 PB 级别数据的交互式商业智能分析需求。Drill 图标如图 1-30 所示。

（14）Crunch

Crunch 是一款架构在 Hadoop 之上的数据采集与分析框架，用于简化 MapReduce 作业的编写和执行，可以实现日志数据的采集与分析，在采集最原始的日志数据并写入 Hadoop 后，即可通过 MapReduce 对数据进行加工处理和分析。Crunch 图标如图 1-31 所示。

图 1-30　Drill 图标

图 1-31　Crunch 图标

（15）Lucene

Lucene 是 Apache 旗下的一个基于 Java 开发的、开源的全文搜索引擎开发工具包，包含完整的查询引擎、索引引擎以及部分文本分词引擎，具有稳定性高、索引性能优越、搜索算法高效、准确以及跨平台的特性，是当前最受欢迎的免费 Java 信息检索程序库之一。Lucene 图标如图 1-32 所示。

（16）Impala

Impala 是一个高效的、基于 Hive 并使用内存进行计算的快速 SQL 查询引擎，是一个使用 C++和 Java 编写的开源软件，具有实时、批处理、多并发等优点，主要用于处理存储在 Hadoop 中的海量数据，能够直接使用 SQL 语句对 HDFS 或者 HBase 中的数据进行查询统计，极大地降低延迟。Impala 图标如图 1-33 所示。

图 1-32　Lucene 图标

图 1-33　Impala 图标

技能点 3　大数据分析的流程

在大数据分析过程中，由于数据来源或采集方法不同，数据的类型和分析方法也千差万别。目前，大数据分析可以分为 6 个阶段，包括数据采集、数据处理、数据集成、数据分析、数据迁移、数据解释。

微课 1-6　大数据分析的流程

（1）数据采集

数据采集是数据分析的基石，只有数据存在才能对数据进行分析。目前，常用的数据采集方法有网络爬虫采集、日志文件采集、商业工具采集。

（2）数据处理

数据处理主要完成对采集后的数据进行适当的预处理、清洗等操作。

（3）数据集成

数据集成用于实现处理后数据的存储。

（4）数据分析

数据分析是大数据分析中的核心部分，对海量数据进行分析，从中发现数据的价值。

（5）数据迁移

将数据迁移到符合业务逻辑的关系数据库中。

（6）数据解释

数据解释指对分析结果的解释。目前，为了提升数据解释、展示能力，大部分企业使用"数据可视化技术"作为展示大数据信息最有力的方式。通过可视化，可以形象地向用户展示数据分析结果，更有利于用户对结果的理解和接受。

简单来说，进行大数据分析，会先从不同的数据源采集数据，按照一定标准对数据进行处理后统一存储，之后利用合适的数据分析方式对存储的数据进行分析，最后从分析结果中提取有益的信息并利用恰当的方式将结果展现出来。以电商产品数据分析为例，大数据分析基本流程如图 1-34 所示。

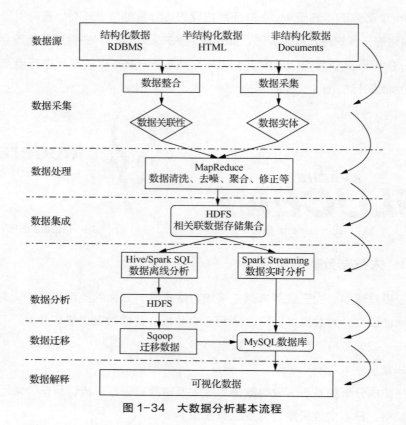

图 1-34　大数据分析基本流程

技能点 4　大数据分析的企业级应用

从发展趋势看，数字经济是全球未来的发展方向，新一代信息技术同实体经济加速融合，数据作为新生产要素的创新引擎作用日益凸显，将不断为经济高质量发展注入新动能。

当前我国数据平台行业处于从萌芽转向高速发展的过渡期，企业及政府数字化转型驱动市场需求不断增加，行业增长势头明显，市场规模快速扩张。这里以格物致治一体化大数据平台为例介绍大数据分析的企业级应用。

格物致治一体化大数据平台作为一种强调资源整合、集中配置、能力沉淀、分步执行的运作机制，是一体化数据组件或模块的构建套件，一体化大数据平台的建设为数据治理效率的提升、业务流程与组织架构的升级、运营与决策的精细化提供强力支持。该平台以政务数据创新应用为驱动，基于政府数据汇聚、处理、管理及利用需求，为后续大量的智能化创新应用提供基础支撑。格物致治一体化大数据平台总体功能架构如图 1-35 所示。

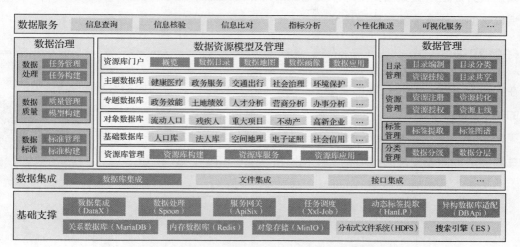

图 1-35　格物致治一体化大数据平台总体功能架构

（1）基础支撑

基础支撑是支撑数据资源管理和数据治理体系建设的基础，数据存储基于不同应用场景采用对应的高效、稳定、高可用的存储架构组件，包括主流的关系数据库、HDFS 等。数据处理计算层包含数据集成、数据处理、服务网关及异构数据库适配等功能适配组件，是数据生命周期管理及处理的技术支撑。

（2）数据集成

数据集成面向数据资源中心，支持统一的数据采集接入方式，支持多种类型的数据源，包括但不限于传统数据库、国产数据库等，可实现多源异构数据的采集，确保数据资产的完整性。

（3）数据管理

数据管理是指交付、控制、保护并提升数据和信息资产价值，包括目录管理、资源管理、标签管理、分类管理。

（4）数据治理

数据治理集数据采集汇聚、数据统一标准、数据质量把控为一体，进行数据分发、加密清洗、转换，实现数据资源的透明、可管、可控，厘清数据资产，完善数据标准落地，规范数据处理流程，提升数据质量，保障数据安全使用，促进数据流通与价值提炼。

（5）数据资源模型及管理

对接入的各类数据资源进行智能分析提取，按照数据特征、内容组成等建立训练模型，实现资源深度治理和数据价值充分利用。其模块主要分为资源库管理、资源库门户两部分，资源库管理包括资源库构建、资源库服务及资源库应用，资源库门户包括概览、数据目录、数据地图、数据画像、数据应用等。

（6）数据服务

数据服务是指各类数据资源对外提供的访问和管理服务，支持通过 API 网关实现数据服务的统一授权访问、流量控制、监控统计。

任务实施

在完成 Hadoop 环境搭建的基础上，登录 Linux 虚拟机并分别启动本项目所需的相关服务。

环境搭建

第一步：打开 VMware Workstation 软件，之后单击"文件"→"打开"，在相关界面选择需要安装的虚拟机文件，如图 1-36 和图 1-37 所示。

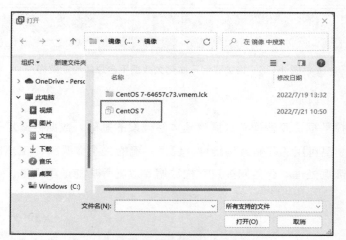

微课 1-7　任务实施

图 1-36　选择虚拟机文件

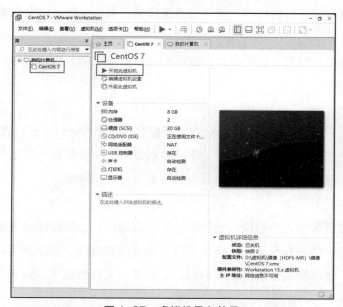

图 1-37　虚拟机导入效果

第二步：导入虚拟机文件后，在窗口的左侧单击刚刚安装的镜像，之后单击"开启此虚拟机"，出现安全询问对话框，如图 1-38 所示。

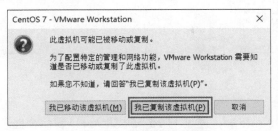

图 1-38　安全询问对话框

第三步：单击"我已复制该虚拟机"按钮，即可进入虚拟机，虚拟机桌面如图 1-39 所示。

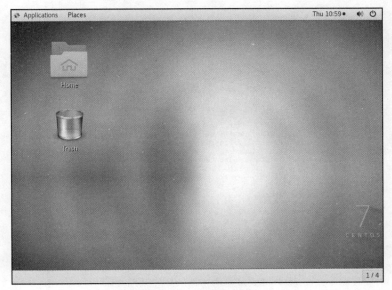

图 1-39　虚拟机桌面

第四步：进行 Hadoop 测试。

打开命令提示符窗口，进入 Hadoop 安装包的 sbin 目录，使用"start-all.sh"脚本启动 Hadoop 服务，并通过 jps 命令确定服务是否启动成功，如图 1-40 和图 1-41 所示。

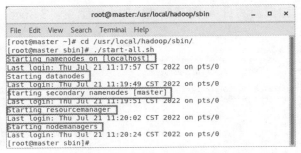

图 1-40　启动 Hadoop 服务

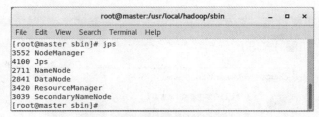

图 1-41　查看服务启动情况

第五步：Hive 测试。

进入 Hive 安装包的 bin 目录，通过 Hive 脚本进入 Hive 命令提示符窗口，效果如图 1-42 所示。

图 1-42　Hive 命令提示符窗口

在 Hive 命令提示符窗口测试 Hive 是否配置成功，如图 1-43 所示。

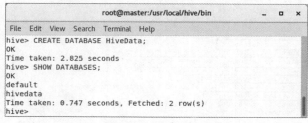

图 1-43　Hive 测试

第六步：Spark 测试。

Hive 测试完成后，还需要进行 Spark 测试。进入 Spark 的 sbin 目录启动 Spark，并使用 Spark 自带的案例来测试 Spark 是否能够正常使用，代码如下所示。

```
[root@master bin]# cd /usr/local/spark/sbin/       #进入 Spark 的 sbin 目录
[root@master sbin]# ./start-all.sh                 #启动 Spark
[root@master sbin]# jps                            #查看 Spark 的 Master 和 Worker 进程是否启动
[root@master sbin]# cd /usr/local/spark/bin
[root@master bin]# ./run-example SparkPi 2 > SparkPi.txt    #执行 Spark 自带的案例
[root@master bin]# cat ./SparkPi.txt                        #查看结果
```

启动 Spark 服务如图 1-44 所示，进程查看如图 1-45 所示，使用 Spark 计算 Pi 值如图 1-46 所示。

图 1-44　启动 Spark 服务

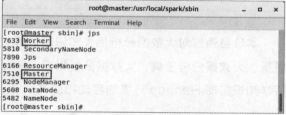

图 1-45　进程查看

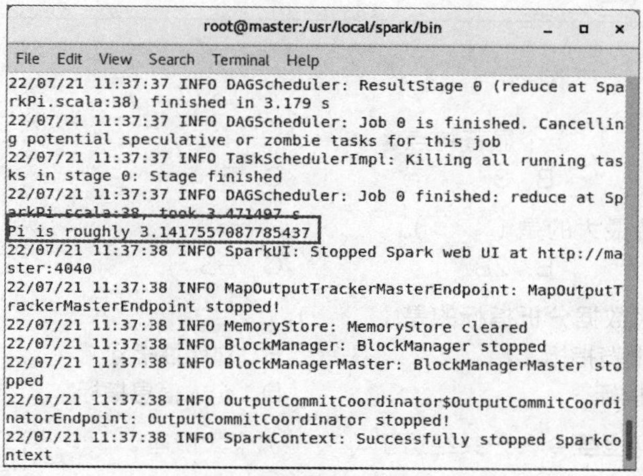

图 1-46　使用 Spark 计算 Pi 值

第七步：Sqoop 测试。

在依次测试完以上几个组件的配置后，还需进行 Sqoop 的测试。在配置完成后，通过查看版本的方式检查 Sqoop 是否安装成功。进入 Sqoop 安装包的 bin 目录，输入 sqoop version 查询即可，效果如图 1-47 所示。

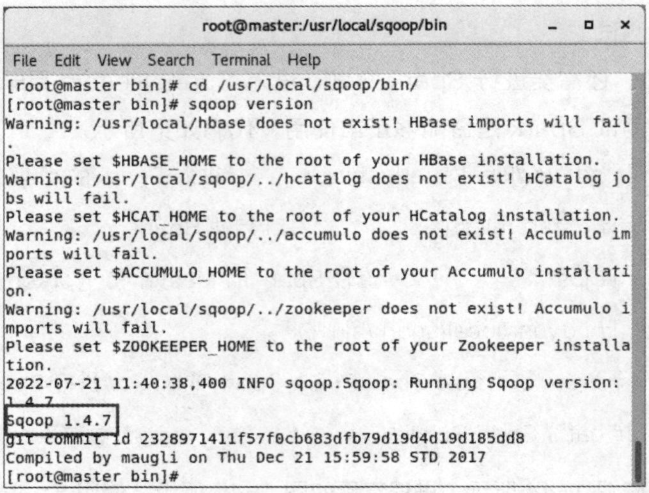

图 1-47 Sqoop 测试

项目小结

本项目通过对大数据分析相关知识的讲解，让读者对大数据分析的概念、大数据分析的应用场景、大数据分析工具、大数据分析指标、Hadoop 及其生态组件有所了解并掌握，并能够通过所学知识实现 Hadoop 环境的启动和测试。

课后习题

1. 选择题

（1）大数据具有（　　）个显著特点。
   A. 1　　　　　　　B. 3　　　　　　　C. 5　　　　　　　D. 7
（2）下列计量单位最大的是（　　）。
   A. TB　　　　　　B. ZB　　　　　　C. EB　　　　　　D. PB
（3）以下不属于大数据分析指标的是（　　）。
   A. 数据总体概览指标　　　　　　B. 对比性指标
   C. 行为数据指标　　　　　　　　D. 个人信息指标
（4）Hadoop 从问世至今，一共经历了（　　）个大版本。
   A. 1　　　　　　　B. 2　　　　　　　C. 3　　　　　　　D. 4
（5）下列不属于 Hadoop 核心组件的是（　　）。
   A. Hive　　　　　　B. HDFS　　　　　C. YARN　　　　　D. MapReduce

2. 判断题

（1）大数据分析就是指对规模巨大的数据进行分析，可以将大数据分析分为大数据和分析两个方面。　　　　　　　　　　　　　　　　　　　　　　　　　　　　　　　（　　）

（2）大数据分析是对大量、动态、能持续的数据，通过运用新系统、新工具、新模型的挖掘，从而获得具有洞察力和新价值的东西。（　　）

（3）同比也就是同期相比，是指相同时间的对比。（　　）

（4）2005年，Hadoop被正式引入Apache软件基金会，并于2006年3月被独立出来。（　　）

（5）Redis是一个基于Java语言开发的、开源的Key-Value内存数据库。（　　）

3．简答题

（1）列举5种大数据分析的具体应用。

（2）简述Hadoop的优势。

（3）列举5个Hadoop组件及其作用。

自我评价

查看自己通过学习本项目是否掌握了以下技能，在表1-4中标出相应的掌握程度。

表1-4　技能检测表

评价标准	个人评价	小组评价	教师评价
具备启动Hadoop相关服务的能力			
掌握大数据分析的流程			

备注：A．具备　　B．基本具备　　C．部分具备　　D．不具备

项目 2
电商产品数据分布式存储

项目导言

只有充分了解了用户需求才能够打造符合用户预期的产品,所以各电商平台和店铺的经营者都会对用户的购物数据进行分析,从而为用户提供更优质的服务。在数据量较小的情况下,数据的存储问题并不突出,而随着数据量逐渐增加,文件规模达到 PB 或 PB 以上的级别时,会给本地主机带来极大的压力,甚至由于本地空间不足,文件不能再进行数据的添加,而 HDFS 的出现使这一问题得到解决。HDFS 可以将文件拆分成多个数据块,分别存储在多个主机中。本项目主要介绍如何通过 HDFS 实现电商产品数据分布式存储。

项目导图

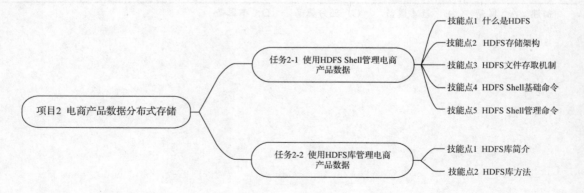

知识目标

> 了解 HDFS、Flume 等相关知识。
> 熟悉 HDFS 存储机制及基本架构。
> 掌握 HDFS Shell 命令的基本使用方法。

技能目标

➤ 具备使用 HDFS Shell 操作分布式文件系统的能力。
➤ 能够使用 HDFS Shell 对分布式文件系统的权限进行控制。
➤ 能够使用 Python 连接并操作分布式文件系统。

素养目标

➤ 通过学习 HDFS Shell 命令的使用，养成耐心、细致的工作作风，培养精益求精的精神。
➤ 通过学习 Flume 基本架构中各组件的功能及协作方式，培养系统思维和解决复杂问题的能力。

任务 2-1 使用 HDFS Shell 管理电商产品数据

任务描述

20 世纪末，随着互联网的兴起和网络技术的飞速发展，网络浪潮掀起，越来越多的人能够接入和使用网络。同时，随着智能手机和其他智能设备的兴起，全球网络在线人数急剧增加。智能设备的普及是大数据快速增长的重要因素。本任务主要通过 HDFS 存储数据并通过相关指令实现分布式文件系统中文件夹和文件的创建、查看、权限设置、复制、删除等操作。通过任务的实现过程，帮助读者加深对 HDFS 的相关概念和存储机制的理解，并掌握如何使用 HDFS Shell 进行操作。

素质拓展

党的二十大报告提出："加快发展数字经济，促进数字经济和实体经济深度融合，打造具有国际竞争力的数字产业集群。"表明未来经济中网络经济、数字经济、电子商务新业态的重要地位和作用。电子商务作为重要抓手，成为拉动我国消费需求、促进传统产业升级、发展现代服务业的重要引擎。

任务技能

技能点 1 什么是 HDFS

HDFS 是 Hadoop 的核心组件之一，作为 Hadoop 的底层分布式存储服务提供者，存储着所有的数据，具有高可靠性、高容错性、高可扩展性、高吞吐量等特征，能够部署在大规模廉价的集群上，有效地降低部署成本。HDFS

微课 2-1 什么是 HDFS

最初是作为 Apache Nutch 搜索引擎项目的基础架构而开发的,现在是 Apache Hadoop 核心项目的一部分。

HDFS 采用"一次写入,多次读取"的高效流式访问模式,由于其具有较高的容错性,能够在发生特殊情况时保证数据的准确性与完整性。HDFS 在存储文件时,会将一个大文件拆分成多个数据块(Block)保存到同一集群(Rack)的不同节点进行存储,默认状态下每个数据块的大小为 128MB,当文件不足 128MB 时则不进行拆分。HDFS 块存储具体存储方式如图 2-1 所示。

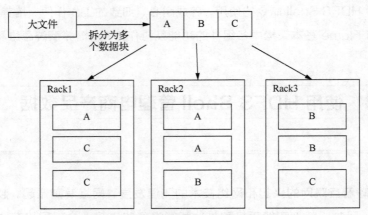

图 2-1 HDFS 块存储具体存储方式

当存储一个大小为 350MB 的文件时,该文件会被拆分为 3 个数据块,分别为 A(128MB)、B(128MB)、C(94MB)。存储时,每个数据块在 HDFS 集群中都会存在副本以提高容错性,并且副本的存储不会在同一节点中,当某节点故障时不影响数据的读取。块存储的优点如下。

(1)支持大规模文件存储:文件以块为单位进行存储,一个大文件可以被拆分成若干个数据块,不同的数据块被分发到不同的节点上,因此一个文件的大小不会受到单个节点存储容量的限制,可以大于网络中任意节点的存储容量。

(2)简单的系统设计:首先很大程度地简化了存储管理,因为数据块大小是固定的,这样就可以很容易地计算出一个节点可以存储多少个数据块;其次方便了元数据的管理,元数据不需要和数据块一起存储,可以由其他系统负责管理。

(3)适合备份数据:每个数据块都可以冗余存储到多个节点上,这提高了系统的容错性和可用性。

技能点 2 HDFS 存储架构

HDFS 采用 Master/Slave 架构(也称服务器主从架构),即一个 HDFS 集群由一个 NameNode、一个 Secondary NameNode 和一定数目的 DataNode 组成。HDFS 整体架构如图 2-2 所示。

微课 2-2 HDFS 存储架构及文件存取机制

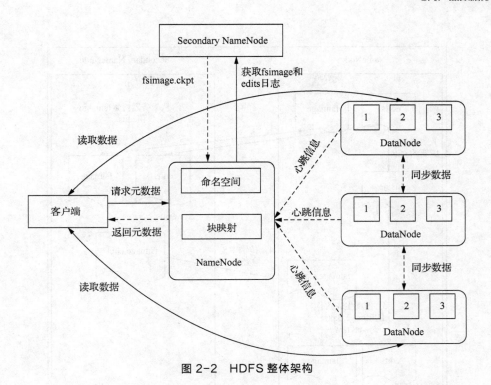

图 2-2 HDFS 整体架构

该架构执行的大致流程如下。

（1）客户端向 NameNode 发起请求，获取包含命名空间、块映射以及 DataNode 的位置等信息的元数据。

（2）NameNode 将元数据返回给客户端。NameNode 是整个 Hadoop 集群中的重要组件，用于维护整个 HDFS 的文件系统树和所有的元数据信息，NameNode 宕机后会造成集群瘫痪和数据丢失。NameNode 主要有记录元数据的变化、存储系统的命名空间、协调客户端对文件的访问、记录数据块在 DataNode 上的位置和副本信息等功能。

（3）客户端获取元数据后，根据元数据中的信息到相应的 DataNode 上进行数据的读写操作。

（4）DataNode 之间会相互复制数据，以达到 DataNode 副本数的要求。DataNode 会定期向 NameNode 发送心跳信息，将自身节点的状态信息报告给 NameNode。

（5）Secondary NameNode 定期获取 NameNode 上的 fsimage 和 edits 日志，并将二者进行合并，产生 fsimage.ckpt 并推送给 NameNode。其中，fsimage 保存了当前文件系统下的最新元数据的检查点，也保存了整个 HDFS 的数据块描述信息、修改时间、访问时间、访问权限等所有目录以及文件信息；edits 则记录了 HDFS 在运行状态下的各种更新操作和 HDFS 客户端执行的所有写操作。为了避免 edits 不断增大，Secondary NameNode 会周期性合并 fsimage 和 edits 并生成新的 fsimage，新的操作记录会写入新的 edits 中，具体流程如图 2-3 所示。

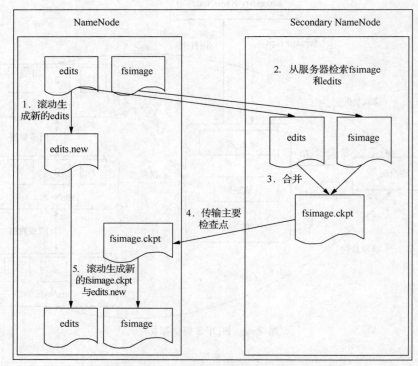

图 2-3 合并 fsimage 与 edits 具体流程

合并 fsimage 与 edits 的详细步骤如下所示。

第一步：将 HDFS 更新记录写入一个新的文件 edits.new。

第二步：将 fsimage 和 edits 通过 HTTP（HyperText Transfer Protocol，超文本传输协议）发送至 Secondary NameNode。

第三步：在 Secondary NameNode 中将 fsimage 与 edits 合并，生成 fsimage.ckpt。由于该操作比较耗时，若在 NameNode 中进行，可能会导致整个系统卡顿。

第四步：将生成的 fsimage.ckpt 通过 HTTP 发送至 NameNode。

第五步：将 fsimage.ckpt 重命名为 fsimage，edits.new 重命名为 edits。

技能点 3　HDFS 文件存取机制

HDFS 以统一目录树的形式实现自身文件的存储，客户端只需指定对应的目录树即可完成对文件的访问，不需要获取具体的文件存储位置。在 HDFS 中，通过 NameNode 进程可以对目录树和文件的真实存储位置进行相应的管理。

1. HDFS 读取文件过程

HDFS 可以将存储在数据块中的数据以存储时的格式读取出来，并交给后面的相关操作进行使用。HDFS 读取文件过程如图 2-4 所示。

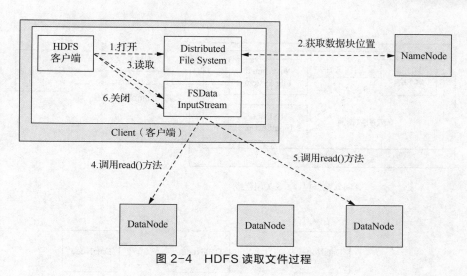

图 2-4　HDFS 读取文件过程

通过图 2-4 可知，HDFS 中文件读取的实现需要多个模块相互作用、相互配合，包括 Client（客户端）、DataNode（数据节点）、NameNode（管理节点）等。HDFS 读取文件过程详解如下。

第一步：Client 通过使用 FileSystem 对象打开要读取的文件。

第二步：DFS（Distributed File System，分布式文件系统）通过调用 NameNode，获取文件的起始块位置并获取每个副本块的地址，然后根据集群的网络拓扑结果对数据块进行排序，返回给 Client 的 FSDataInputStream。

第三步：FSDataInputStream 连接最近的 DataNode。此时若 Client 与 DataNode 通信出现异常，会尝试读取除此数据块之外的最近的数据块，并记录出现故障的 DataNode，而且 Client 会对 DataNode 发来的数据进行校验，如果存在损坏的数据块，Client 会尝试从其他 DataNode 中读取一个数据块的副本返回到 NameNode。

第四步：通过在数据流中反复调用 read() 方法，数据会从 DataNode 返回到 Client。

第五步：当数据到达数据块的末端时，FSDataInputStream 会关闭与 DataNode 间的联系，然后为下一个数据块查找最佳的 DataNode。

第六步：当 Client 完成数据的读取后，就会在流中调用 close() 方法关闭流。

2. HDFS 写入文件过程

HDFS 写入文件过程就是将数据存储到 HDFS 中。整个写入过程的实现同样需要读取过程中使用的相关模块，只是模块之间相互作用的顺序不同。HDFS 写入文件过程如图 2-5 所示。

通过图 2-5 可知，HDFS 写入文件过程可以分为 7 个步骤，具体步骤如下。

第一步：Client 通过对 DFS 中的 create() 方法进行调用来实现文件的创建。

第二步：DFS 通过调用 NameNode，并在文件系统的命名空间中创建一个没有数据块与之相联系的新文件，之后 NameNode 通过各种不同的操作检查文件是否已经存在以及 Client 是否含有创建文件的许可，当检查通过后，NameNode 会生成一个新的文件记录，否则文件创建失败，并向 Client 抛出一个 IOException 异常。

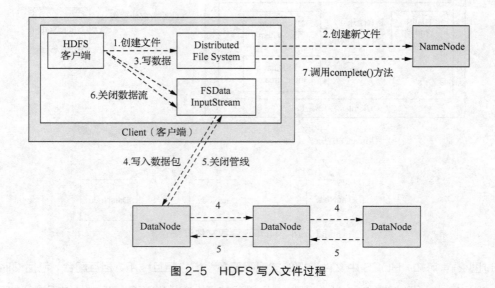

图 2-5　HDFS 写入文件过程

第三步：在 Client 写入数据时，FSDataInputStream 将数据分成若干个数据包，写入内部队列，成为数据队列，之后通过数据流进行数据队列的处理，并通过 NameNode 分配适合的新数据块到适合的 DataNode 列表中进行数据副本的存储。这一组 DataNode 列表形成一个管线，假设副本数是 3，则会有 3 个节点在管线中。

第四步：数据流将数据包分流给管线中第一个 DataNode，这个节点会存储数据包并且发送给管线中的第二个 DataNode，同样，第二个 DataNode 会存储数据包并且传给管线中的第三个数据节点，以此类推，直至传给最后一个 DataNode。

第五步：数据存储完成后，管线被关闭，需要确认队列中的所有数据包都添加到数据队列的最前端，以保证故障节点下的 DataNode 不会漏掉任何一个数据包。

第六步：当 Client 完成数据写入后，就会在流中调用 close() 方法关闭流。

第七步：在向 NameNode 发送完消息之前，complete() 方法将关闭数据流后余下的所有包放入 DataNode 管线并等待确认。NameNode 已经知道文件由哪些数据块组成，它只需在返回成功前等待数据块进行最小量复制。

3. HDFS 监控

在 HDFS 中，存在一个用于监控 HDFS 文件情况的 Web UI，它属于 Hadoop 监控界面的子界面，可通过"http://127.0.0.1:50070/explorer.html#/"在浏览器中访问该界面。HDFS 监控界面如图 2-6 所示。

在该界面内，可以查看存储文件的所有目录名称、数据块的大小、目录创建时间、权限、所属用户、用户组别等信息。如果需要查看某个目录包含的内容，可在输入框中输入查看路径或单击目录名称进行查看，查看文件结果如图 2-7 所示。

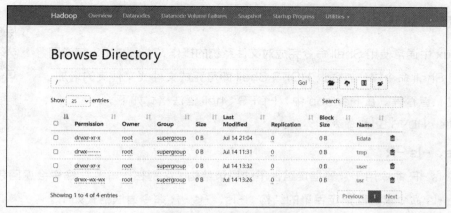

图 2-6　HDFS 监控界面

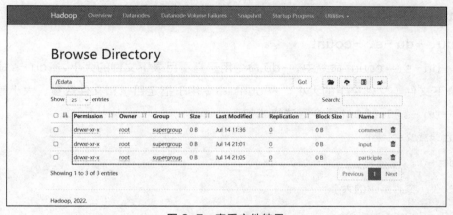

图 2-7　查看文件结果

如果目录包括目录名称和文件名称，单击目录名称会进入对应目录中，而单击文件名称则可以查看当前文件存储的相关信息，选择存储的数据块，查看该数据块对应的信息，包括数据块的 ID、大小等。查看文件存储信息如图 2-8 所示。

图 2-8　查看文件存储信息

需要注意的是，整个监控界面只能用于信息的查看，不能进行相关的操作。

技能点 4　HDFS Shell 基础命令

在 Linux 中通常使用 Shell 命令完成对文件系统的操作，对于 HDFS 来说同样可以使用 Shell 命令操作，通过 HDFS Shell 即可完成文件或文件夹的增加、删除、修改、查看等。在 Hadoop 中，HDFS Shell 语法格式如下。

微课 2-3　HDFS Shell 基础命令及管理命令

```
hdfs dfs <HDFS Shell 命令>
```

1. -ls、-ls -R

-ls 与-ls -R 命令用于查看指定路径下的目录结构，区别在于-ls –R 命令会返回包含子集的目录结构，-ls 命令仅返回指定目录的结构。-ls、-ls -R 命令语法格式如下。

```
hdfs dfs -ls <路径>

hdfs dfs -ls -R <路径>
```

2. -du、-du -s、-count

-du、-du -s、-count 命令中，-du 命令用于查看目录下文件的大小、-du -s 命令用于汇总统计目录下文件（文件夹）的大小；-count 命令用于指定目录和文件数量、大小等信息的查询。-du、-du -s 和-count 命令语法格式如下。

```
//查询目录或文件大小
hdfs dfs -du <路径>
//汇总文件（文件夹）的大小
hdfs dfs -du -s <路径>
//文件和目录数量、大小
hdfs dfs -count [-q] <路径>
```

3. -mv 和-cp

在 HDFS 中，-mv 和-cp 是两个用于不同目录操作的命令。-mv 命令可以将存在于一个目录中的文件或目录移动到另一个目录中，也就是说原目录中将不会有这个文件或目录的存在；而-cp 命令则是将存在于一个目录中的文件或目录复制到另一个目录中，两个目录中都会有这个文件或目录的存在。-mv 和-cp 命令语法格式如下。

```
//HDFS 目录或文件移动操作
hdfs dfs -mv <源路径> <目的路径>
//HDFS 目录或文件复制操作
hdfs dfs -cp <源路径> <目的路径>
```

4. -rm、-rm -r

-rm 命令用于删除 HDFS 中的文件或空白文件夹，-rm -r 命令能够递归删除指定路径下的全部文件和文件夹。-rm 和-rm -r 命令语法格式如下。

```
//删除目录
hdfs dfs -rm <目录路径>
//递归删除
hdfs dfs -rm -r <目录路径>
```

5. -put

在 HDFS 中，-put 命令主要用于本地文件或目录的上传，其接收两个参数，第一个参数为本地文件或目录路径；第二个参数为目标路径，即 hdfs 路径。-put 命令语法格式如下。

```
hdfs dfs -put <本地文件或目录路径> <hdfs 路径>
```

6. -get、-getmerge

-get 命令用于从指定 hdfs 路径下获取文件并存储到本地文件系统，-getmerge 命令用于将 HDFS 系统中的文件合并后存储到本地文件系统，-get、-getmerge 命令语法格式如下。

```
//获取文件并存储到本地文件系统
hdfs dfs -get <源路径> <linux 路径>
//将文件合并后存储到本地文件系统
hdfs dfs -getmerge <源路径> <linux 路径>
```

7. -cat、-tail

-cat 命令用于查看 HDFS 中文件的内容，文件中的全部内容会输出到命令提示符窗口中，-tail 命令用于查看文件尾部信息。-cat、-tail 命令语法格式如下。

```
//查看文件内容
hdfs dfs -cat <hdfs 路径>
//查看文件尾部信息
hdfs dfs -tail <文件名>
```

8. -mkdir

在 HDFS 中，-mkdir 命令可以用于实现文件夹或目录的创建，只需在命令后面添加名称即可，但创建的目录或文件夹中并不会存在任何内容。-mkdir 命令语法格式如下。

```
hdfs dfs -mkdir <文件夹或目录名称>
```

9. -touchz

-touchz 命令同样用于创建操作，但与-mkdir 命令不同，通过-touchz 命令可以创建空白文件。另外，也可提供完整路径进行文件的创建。-touchz 命令语法格式如下。

```
hdfs dfs -touchz <文件路径>
```

10. -chmod

在 HDFS 中，文件或目录的操作有着严格的权限验证，当权限验证不通过时，可通过-chmod

命令修改文件或目录的权限，-chmod 命令接收两个参数，第一个参数为权限代号，第二个参数为文件或目录的路径。-chmod 命令语法格式如下。

```
hdfs dfs -chmod <权限代号> <文件或目录路径>
```

11. -chown、-chgrp

-chown 和-chgrp 命令主要用于用户的相关操作，-chown 命令可以对所属用户进行修改，其接收两个参数，第一个参数为用户名称，第二个参数为需要更改所属用户的文件或目录路径。-chgrp 命令能够进行文件所属组别的修改，其同样接收两个参数，第一个参数为组别名称，第二个参数与-chown 命令的第二个参数相同。-chown 和-chgrp 命令语法格式如下。

```
//修改所属用户
hdfs dfs -chown <用户名称> <文件或目录路径>
//修改用户组别
hdfs dfs -chgrp <组别名称> <文件或目录路径>
```

技能点 5　HDFS Shell 管理命令

通常，管理命令被认为是对用户权限的相关操作，但在 HDFS 中，HDFS Shell 管理命令主要用于对 HDFS 相关内容进行操作，包含安全模式开启/关闭、系统升级、存储副本恢复等。使用 HDFS Shell 管理命令语法格式如下。

```
hdfs dfsadmin <HDFS Shell 管理命令>
```

HDFS Shell 常用管理命令的介绍及说明如下。

1. -report

-report 是 HDFS Shell 管理命令中一个用于统计 HDFS 基本信息的命令，在使用时不需要添加任何参数。HDFS 基本信息属性如表 2-1 所示。

表 2-1　HDFS 基本信息属性

属性	解释
Configured Capacity	配置容量
Present Capacity	现有容量
DFS Remaining	剩余 DFS 容量
DFS Used	正在使用的 DFS 容量
Non DFS Used	已使用 DFS 的容量占全部容量的百分比
Under replicated blocks	正在复制的块的个数
Blocks with corrupt replicas	具有损坏副本的块的个数
Missing blocks	缺少块的个数

续表

属性	解释
Live DataNodes	实时数据节点
Configured Cache Capacity	配置的缓存容量
Cache Used	被使用的缓存容量
Cache Remaining	剩余高速缓存容量

-report 命令语法格式如下。

```
hdfs dfsadmin -report
```

2. -safemode

-safemode 是一个安全模式操作命令，用于保证 HDFS 数据的完整性和安全性，当 HDFS 进入安全模式后，客户端将不能对任何文件或目录进行变动操作，包括文件或目录的删除、创建、上传等。-safemode 命令包含的参数如表 2-2 所示。

表 2-2 -safemode 命令包含的参数

参数	解释
enter	进入安全模式
leave	离开安全模式
get	获取当前安全模式信息

-safemode 命令语法格式如下。

```
hdfs dfsadmin -safemode enter|leave|get
```

3. -restoreFailedStorage

-restoreFailedStorage 命令用于设置存储副本恢复操作，可以自动尝试恢复失败的存储副本，当该副本再次可用，则系统会在检查点期间尝试恢复对该副本的编辑。-restoreFailedStorage 命令包含的参数如表 2-3 所示。

表 2-3 -restoreFailedStorage 命令包含的参数

参数	解释
true	开启存储副本恢复操作
false	关闭存储副本恢复操作
check	检查存储副本恢复操作状态

-restoreFailedStorage 命令语法格式如下。

```
hdfs dfsadmin -restoreFailedStorage true|false|check
```

4. -finalizeUpgrade

-finalizeUpgrade 命令可以将 DataNode 和 NameNode 上存储的旧版本 HDFS 数据移除

后进行更新操作。-finalizeUpgrade 命令的语法格式如下。

```
hdfs dfsadmin -finalizeUpgrade
```

5. -setQuota、-clrQuota

-setQuota 命令用于设置指定目录中最多可以包含的目录和文件的总数，若文件数超过设置的最大数，则向该目录创建、上传文件或目录时会出现错误，极大地避免了大量小文件的产生。其接收两个参数，第一个参数为目录和文件的总数，即配额；第二个参数为需要设置的目录路径。而-clrQuota 命令则只需指定目录路径即可清除指定文件的配额。-setQuota 和-clrQuota 命令语法格式如下。

```
//设置配额
hdfs dfsadmin -setQuota <配额> <目录路径>
//清除配额
hdfs dfsadmin -clrQuota <目录路径>
```

6. -setSpaceQuota、-clrSpaceQuota

-setSpaceQuota 和-clrSpaceQuota 命令用于空间配额的操作。其中，-setSpaceQuota 命令可以根据需求进行目录空间的设置，当文件或目录包含的数据超过设置空间时，则不再允许向该目录添加任何内容，极大地保证了 HDFS 存储空间的利用率。其接收两个参数，第一个参数为空间大小（单位为字节），即空间配额；第二个参数为需要设置的目录路径。而-clrSpaceQuota 命令则只需指定目录路径即可清除指定文件的空间配额。-setSpaceQuota 和-clrSpaceQuota 命令语法格式如下。

```
//设置空间配额
hdfs dfsadmin -setSpaceQuota <空间配额> <目录路径>
//清除空间配额
hdfs dfsadmin -clrSpaceQuota <目录路径>
```

任务实施

通过以下几个步骤，将电商产品数据上传到 HDFS 中，并通过 HDFS Shell 指令完成电商数据存储目录构建、权限设置、文件检查等操作，具体步骤如下。

第一步：创建数据存储目录结构。

启动 Hadoop 集群服务完成后，进入 HDFS 根目录，通过-mkdir -p 命令创建存储数据文件的目录结构"/Edata/input"，并使用-ls -R 进行查看，命令如下。

微课 2-4　任务实施

```
[root@master ~]# hdfs dfs -mkdir -p /Edata/input
[root@master ~]# hdfs dfs -ls -R /Edata
```

结果如图 2-9 所示。

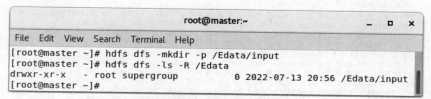

图 2-9 创建数据存储目录结构

第二步：上传数据文件。

数据存储目录结构创建完成后，将存储在 Linux 本地文件系统中的"phone_comment.csv"数据文件上传到"/Edata/input"目录下，命令如下。

[root@master ~]# hdfs dfs –put /usr/local/inspur/data/phone_comment.csv /Edata/input

[root@master ~]# hdfs dfs –ls /Edata/input

结果如图 2-10 所示。

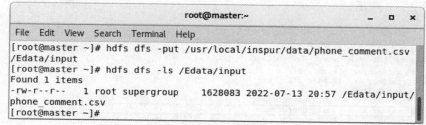

图 2-10 数据文件上传

第三步：查看文件大小。

数据文件上传成功后，还需通过-du 命令对上传的数据文件大小进行查看，命令如下。

[root@master ~]# hdfs dfs –du /Edata/input/phone_comment.csv

结果如图 2-11 所示。

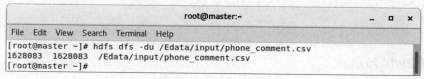

图 2-11 查看文件大小

第四步：查看文件内容。

查看数据文件大小后，通过-cat 命令查看数据文件的内容，命令如下。

[root@master ~]# hdfs dfs –cat /Edata/input/phone_comment.csv

结果如图 2-12 所示。

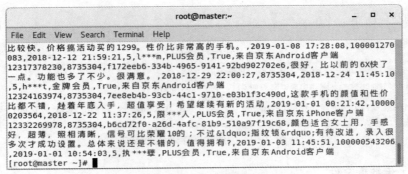

图 2-12 文件内容查看

第五步：备份数据文件。

为了防止误操作等原因导致数据丢失，使用-cp 命令对"Edata"目录进行备份，命令如下。

[root@master ~]# hdfs dfs -cp /Edata /Edata.bak

[root@master ~]# hdfs dfs -ls /

结果如图 2-13 所示。

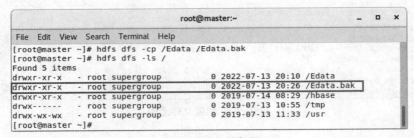

图 2-13 文件备份

第六步：数据文件权限设置。

当数据文件复制到根目录后，通过-chmod 命令将"Edata"目录权限修改为"777"（最高权限），命令如下。

[root@master ~]# hdfs dfs -chmod 777 /Edata

[root@master ~]# hdfs dfs -ls /

结果如图 2-14 所示。

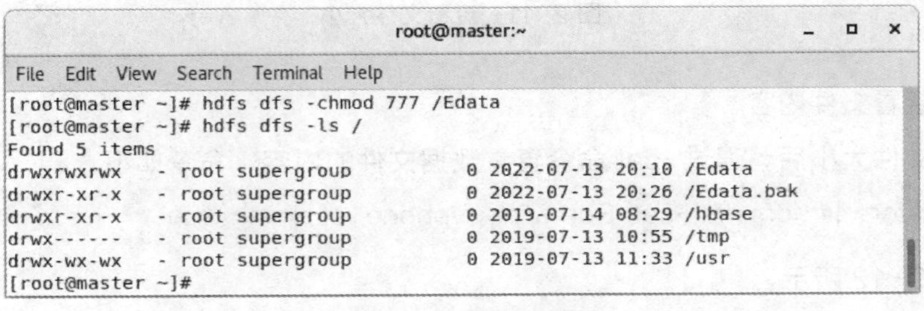

图 2-14 权限设置

第七步：文件所属用户设置。

通过-chown 命令将"Edata"目录的所属用户修改为"inspur"，命令如下。

[root@master ~]# hdfs dfs -chown inspur /Edata

[root@master ~]# hdfs dfs -ls /

结果如图 2-15 所示。

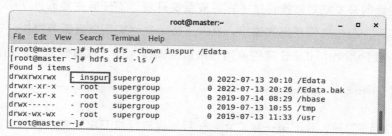

图 2-15　文件所属用户设置

第八步：文件所属组别设置。

文件所属用户设置完成后，可使用-chgrp 命令对文件夹中所有文件所属组别进行修改，命令如下。

[root@master ~]# hdfs dfs -chgrp -R inspur /Edata

[root@master ~]# hdfs dfs -ls /

结果如图 2-16 所示。

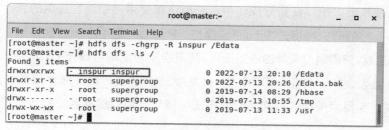

图 2-16　文件所属组别设置

第九步：文件夹大小统计。

通过-count 命令查看"Edata"目录的大小，命令如下。

[root@master ~]# hdfs dfs -count /Edata

结果如图 2-17 所示。

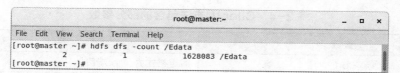

图 2-17　文件夹大小统计

任务 2-2　使用 HDFS 库管理电商产品数据

任务描述

Python 是一种非常优秀的编程语言，在大数据领域的应用十分广泛，拥有丰富的第三方库，能够有效地帮助我们开发和对接各种技术，完成系统开发。本任务主要通过使用 Python HDFS 库中的方法，实现分布式文件系统的连接、文件上传、文件夹信息查看等操作，在任务实现过程中，帮助读者熟悉 Python HDFS 库的使用方法以及操作流程，并掌握常用的函数配置。

素质拓展

2000 年 10 月 31 日，我国第一颗"北斗一号"试验导航卫星升空，在此之前我国的导航定位服务一直依赖于 GPS（Global Positioning System，全球定位系统），"北斗"导航卫星的发射标志着我国在导航方面摆脱被国外"卡脖子"的开端，截至 2022 年 4 月，我国已经在太空中成功部署了 55 颗北斗导航卫星，建立起了自己的卫星导航系统。

任务技能

技能点 1　HDFS 库简介

我们在进行 HDFS 相关操作时，会发现通过命令提示符窗口操作 HDFS 的便捷性、灵活性较低，所以在实际操作中，一般选择使用其他语言提供的包或插件，在有需要时自动执行相关的 HDFS 操作。Python 提供的 HDFS 库是一个较为成熟的工具，只需通过简单的连接操作，获得连接对象即可操作 HDFS。该库的功能十分强大，能够实现 HDFS Shell 的大部分功能，其主要作用是在大型项目中调用 HDFS 中的文件，实现大规模数据文件的分布式存储与调用，提高系统的运行速度和存储能力。

微课 2-5　HDFS 库简介及方法

技能点 2　HDFS 库方法

1. 连接 HDFS

利用 Python 对 HDFS 进行相关操作之前，需要和 HDFS 建立连接，连接完成后，就可以实现对 HDFS 的操作了。Python 提供了 Client() 方法用于实现 HDFS 的连接，只需传入 HDFS 服务地址即可连接 HDFS。除了地址参数外，Client() 方法包含的部分其他参数如表 2-4 所示。

表 2-4　Client() 方法包含的部分参数

参数	描述
url	指定格式为"ip:端口"
root	指定的 HDFS 根目录

续表

参数	描述
proxy	指定登录的用户
timeout	设置连接超时时间
session	跟踪客户端会话

使用 Client() 方法连接 HDFS 的语法格式如下。

```
from hdfs import *
client = Client("HDFS 服务地址")
```

结果如图 2-18 所示。

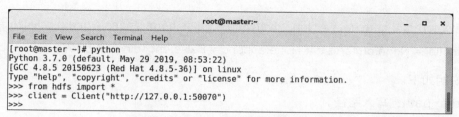

图 2-18　Python 连接 HDFS

2. client 对象常用方法

除了使用 Client() 方法连接 HDFS 外，Python 的 HDFS 库还提供了多个用于 HDFS 连接后对其进行操作的方法，如文件的创建、删除等操作。HDFS 库包含的常用 HDFS 操作方法如表 2-5 所示。

表 2-5　HDFS 库包含的常用 HDFS 操作方法

方法	描述
read()	读取 HDFS 中的文件内容
write()	写入数据
content()	检索文件或目录的内容摘要
status()	获取路径具体信息
list()	获取指定路径的子目录信息
makedirs()	创建目录
rename()	重命名操作
delete()	删除操作
upload()	上传数据操作
download()	下载数据操作

关于表 2-5 中方法的使用及参数介绍如下。

（1）read()

read()方法用于读取 HDFS 中文件内容，语法格式如下。

client.read(hdfs_path,encoding,delimiter)

参数说明如下。

- hdfs_path：HDFS 中的文件路径。
- encoding：编码格式。
- delimiter：分隔符。

（2）write()

write()方法用于向指定的 HDFS 中的文件写入数据，若路径不存在则会自动创建，语法格式如下。

client.write(hdfs_path,data = None,overwrite = False,permission= None,blocksize = None,replication= None,buffersize = None,append = False,encoding = None)

参数说明如下。

- hdfs_path：写入路径。
- data：本地数据，可以为变量。
- overwrite：是否允许覆盖。
- permission：权限。
- blocksize：数据块大小。
- replication：文件复制数量。
- buffersize：上传区域大小。
- append：是否创建新文件。
- encoding：用于对写入的数据进行序列化的编码。

（3）content()

content()方法用于检索 HDFS 中文件或目录的内容摘要，可用于判断文件或目录是否存在，语法格式如下。

client.content(hdfs_path,strict=True)

参数说明如下。

- hdfs_path：检索路径。
- strict：当值设置为 True 时，检索的目标文件或目录不存在会引发异常；若设置为 False 时，文件或目录不存在会返回 None。

（4）status()

status()方法主要用于获取路径具体信息，语法格式如下。

client.status(hdfs_path,strict=True)

参数说明如下。
- hdfs_path：HDFS 路径。
- strict：当值设置为 True 时，如果 HDFS 路径不存在就会抛出异常；当值设置为 False 时，如果路径不存在则返回 None。

（5）list()

list()方法主要用于获取指定路径的子目录信息，参数与 status()方法的参数一致，语法格式如下。

```
client.list(hdfs_path,strict=True)
```

（6）makedirs()

makedirs()方法主要用于在 HDFS 文件系统的指定文件创建目录，语法格式如下。

```
client.makedirs(hdfs_path,permission=None)
```

参数说明如下。
- hdfs_path：表示 HDFS 路径。
- permission：设置文件夹权限。

（7）rename()

rename()方法主要用于 HDFS 中文件或目录的重命名操作，语法格式如下。

```
client.rename(hdfs_src_path, hdfs_dst_path)
```

参数说明如下。
- hdfs_src_path：源路径。
- hdfs_dst_path：目标路径，存在则移入，不存在则引发异常。

（8）delete()

delete()方法主要用于删除 HDFS 中指定的文件或文件夹，语法格式如下。

```
client.delete(hdfs_path, recursive=False)
```

参数说明如下。
- hdfs_path：文件路径。
- recursive：表示需要被删除的文件和其子目录，值为 True 或 False，默认为 False，当值设置为 False 时，若文件或目录不存在，则会抛出异常。

（9）upload()

upload()方法主要用于实现向 HDFS 指定的文件或文件夹上传数据，其包含多个参数，通过不同参数的设置可以定义不同的上传效果，如所上传文件已存在内容，可以进行覆盖上传，语法格式如下。

```
client.upload(hdfs_path,local_path,overwrite=False,n_threads=1,temp_dir=None,
chunk_size=65536, cleanup=True, **kwargs)
```

参数说明如下。
- hdfs_path：HDFS 路径。
- local_path：本地路径。
- overwrite：是否是覆盖性上传文件。
- n_threads：启动的线程数目。
- temp_dir：当 overwrite=True 时，远程文件一旦存在，则会在上传完成之后进行交换。
- chunk_size：文件上传大小的区间。
- cleanup：如果在上传任何文件时发生错误则删除该文件。

（10）download()

download()方法主要用于下载 HDFS 中指定的文件或文件夹，与 upload()方法是一对功能相反的方法，并且包含的大部分参数基本相同，语法格式如下。

```
client.download(hdfs_path,local_path,overwrite=False,n_threads=1,temp_dir=None,**kwargs)
```

参数说明如下。
- hdfs_path：HDFS 路径。
- local_path：本地路径。
- overwrite：是否是覆盖性下载文件。
- n_threads：启动的线程数目。
- temp_dir：当 overwrite=True 时，本地文件一旦存在，则会在下载完成之后进行交换。

任务实施

在 Hadoop 服务启动的基础上，通过 Shell 命令和 Python HDFS 库实现将电商产品数据上传到 HDFS 中。具体步骤如下。

第一步：进入 Python 代码编辑环境，引入 HDFS 库并创建与 HDFS 的连接，查看 HDFS 根目录的信息，测试是否正常运行，代码如下所示。

微课 2-6　任务实施-读取文件内容

```
[root@master ~]# python
>>> from hdfs import *
>>> client=Client("http://127.0.0.1:50070",timeout=90000)
>>> client.status("/")
```

结果如图 2-19 所示。

第二步：使用 list()方法，查看"/Edata/input"目录下的文件，代码如下所示。

```
>>> client.list('/Edata/input')
```

结果如图 2-20 所示。

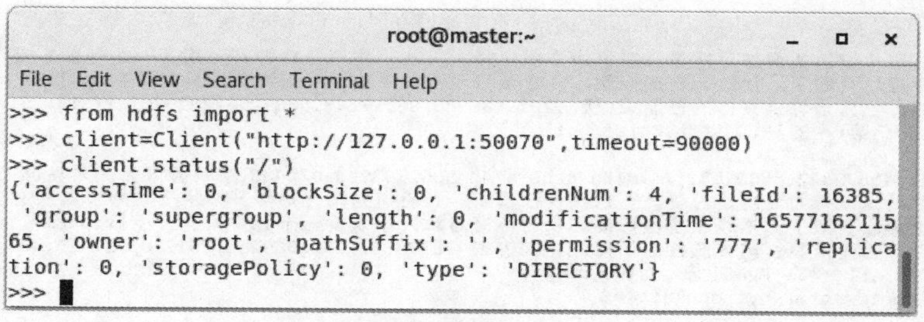

图 2-19 连接 HDFS

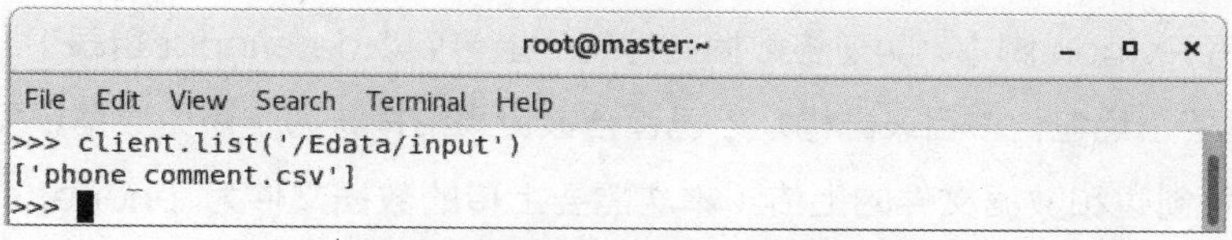

图 2-20 查看目录下的子文件信息

第三步：使用 content() 方法检索"/Edata"目录的内容摘要信息，代码如下所示。

>>> client.content('/Edata')

结果如图 2-21 所示。

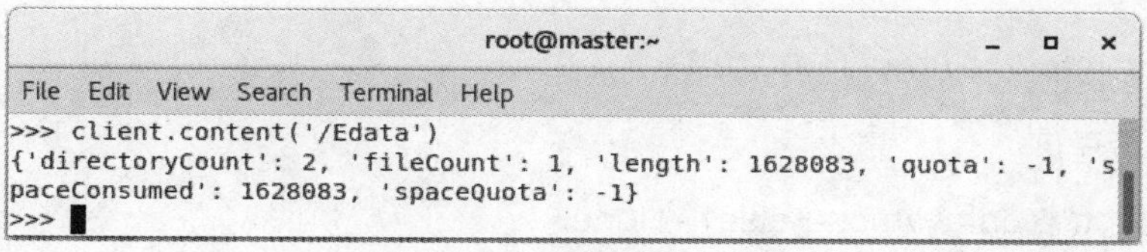

图 2-21 检索目录摘要信息

第四步：在"/usr/local"目录下创建"code/python_hdfs"目录，并在该目录下创建名为"read_hdfs.py"的脚本文件，使用 read() 方法读取"phone_comment.csv"文件的内容，代码如下所示。

```
[root@master ~]# mkdir -p /usr/local/code/python_hdfs
[root@master ~]# vim /usr/local/code/python_hdfs/read_hdfs.py
#!/bin/env python
from hdfs import *
client = Client("http://127.0.0.1:50070")
with client.read('/Edata/input/phone_comment.csv',encoding='utf-8') as reader:
    for line in reader:
        print(line)
```

结果如图 2-22 所示。

图 2-22 读取文件内容

第五步：编写 Python 脚本，实现将数据文件统一上传到 /Edata/input 目录下，并在程序中判断目前 HDFS 中是否已经包含该目录结构。若已包含该目录结构，为了避免数据重复，需要在执行删除操作后进行目录创建和数据文件的上传（本次需要上传的数据文件为 phone_comment.csv 与 phone_list.csv 两个文件）；若不包含该目录结构，则直接创建并完成数据上传，代码如下所示。

```
[root@master python_hdfs]# vim upload.py    #以下为代码
#引入 HDFS 库
from hdfs import *
#创建 HDFS 连接
client=Client("http://127.0.0.1:50070")
#判断目录是否存在
if client.content('/Edata',strict=False)!=None:
    #若目录存在则删除并重新创建
    client.delete('/Edata',recursive=True)
    print('Creating directory......')
    client.makedirs('/Edata/input')
else:
    #否则直接创建
    client.makedirs('/Edata/input')
#开始上传文件
print('Uploading phone_comment.csv......')
client.upload('/Edata/input','/usr/local/inspur/data/phone_comment.csv')
print('Uploading phone_list.csv......')
client.upload('/Edata/input','/usr/local/inspur/data/phone_list.csv')
#获取 Edata 目录摘要和文件
```

微课 2-7 任务实施-上传数据文件

print(client.status('/Edata/input'))

print(client.list('/Edata/input'))

第六步：运行 upload.py 脚本，命令如下。

[root@master python_hdfs]# python upload.py

结果如图 2-23 所示。

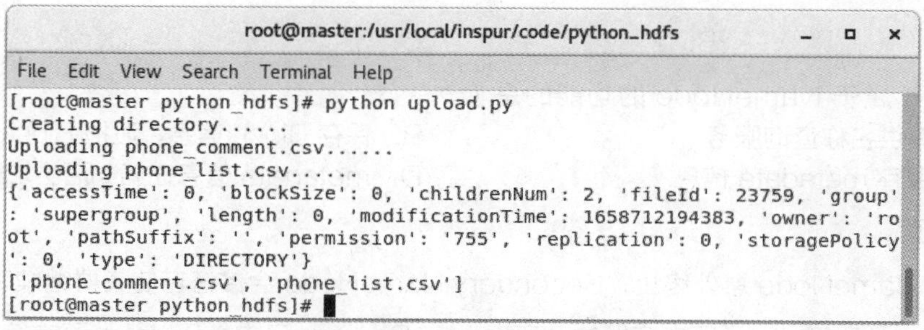

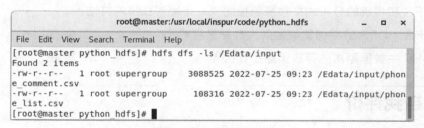

图 2-23 运行 Python 脚本

第七步：使用 HDFS Shell 命令的方式查看文件是否上传成功，命令如下。

[root@master python_hdfs]# hdfs dfs –ls /Edata/input

结果如图 2-24 所示。

图 2-24 验证结果

项目小结

本项目通过文件存储的实现，让读者初步了解 HDFS 相关知识，并掌握 HDFS Shell 的基础命令和管理命令，以及 Python HDFS 库的常用方法，能够通过所学知识实现对 HDFS 的操作。

课后习题

1. 选择题

（1）在默认情况下，HDFS 数据块的大小为（　　）。
　　A. 32MB　　　　B. 64MB　　　　C. 96MB　　　　D. 128MB

（2）在大多数情况下，默认副本系数为（　　）。
　　A．1　　　　　　B．2　　　　　　C．3　　　　　　D．4
（3）以下不属于 HDFS 缺点的是（　　）。
　　A．小文件存储　　　　　　　　　B．检测文件完整性
　　C．低延迟数据访问　　　　　　　D．并发写入，文件随机修改
（4）在配置文件 hdfs-default.xml 中定义副本率为（　　）时，HDFS 将永远处于安全模式。
　　A．1　　　　　　B．2　　　　　　C．3　　　　　　D．4
（5）下列不属于 NameNode 的功能的是（　　）。
　　A．提供名称查询服务　　　　　　B．保存 Block 信息，汇报 Block 信息
　　C．保存 metadata 信息　　　　　D．metadata 信息在启动后会加载到内存

2．判断题

（1）如果 NameNode 意外终止，Secondary NameNode 会接替它使集群继续工作。（　　）
（2）Hadoop 是用 Java 语言开发的，所以 MapReduce 只支持用 Java 语言编写。（　　）
（3）因为 HDFS 有多个副本，所以 NameNode 是不存在单点问题的。（　　）
（4）Slave 节点要存储数据，所以它的磁盘空间越大越好。（　　）
（5）NameNode 本地磁盘保存了 Block 的位置信息。（　　）

3．简答题

（1）HDFS 和传统的分布式文件系统相比较，有哪些独特的特性？
（2）为什么 HDFS 的存储量能达到大数据量级？
（3）HDFS 中数据副本的存放策略是什么？

自我评价

查看自己通过学习本项目是否掌握了以下技能，在表 2-6 中标出相应的掌握程度。

表 2-6　技能检测表

评价标准	个人评价	小组评价	教师评价
具备使用 HDFS Shell 操作分布式文件系统的能力			
具备使用 Python 连接并操作分布式文件系统的能力			

备注：A．具备　　B．基本具备　　C．部分具备　　D．不具备

项目3
电商产品数据分布式处理

项目导言

微课 3-1 项目导言及学习目标

在项目 2 中,我们已经将电商产品数据上传到了 HDFS 中,成功地解决了海量数据存储难的问题,但存储的数据可能会因为收集的时间、手段等原因出现数据格式不统一或数据缺失等问题,从而造成数据分析困难,这时就需要对数据进行处理,而 MapReduce 框架能够很好地对文本类型的数据进行处理。本项目主要通过 MapReduce 实现对电商产品数据进行清洗处理。

项目导图

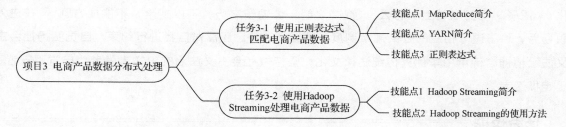

知识目标

- 了解 MapReduce。
- 熟悉 MapReduce 的架构。
- 掌握 YARN 与 MapReduce 的关系。
- 掌握正则表达式元字符含义。

技能目标

- 能够使用正则表达式匹配文本。
- 具备运行 Hadoop Streaming 的能力。
- 能够实现数据清洗。

素养目标

> 通过学习 MapReduce 的基本原理和工作机制，培养分析问题、解决问题的能力。
> 通过学习正则表达式的元字符及用法，培养细节意识和严谨的工作习惯。
> 通过学习 MapReduce 编程，培养逻辑思维能力。

任务 3-1　使用正则表达式匹配电商产品数据

任务描述

MapReduce 是一个编程框架，在大规模数据集的并行计算方面非常优秀，并且能通过结合正则表达式轻松地完成数据的清洗。本任务主要通过编写正则表达式来格式化电商产品数据集，并进行结构化输出。在任务的实现过程中，帮助读者熟悉 MapReduce、YARN 和正则表达式的基础知识，并掌握正则表达式和 MapReduce 程序的编写。

素质拓展

正则表达式其实是一种规则，它能够从一段不规范的文本中提取出重点内容并将其规范化。《孟子·离娄章句上》有云："离娄之明，公输子之巧，不以规矩，不能成方圆。"在进入职场后，除了遵守相应的公共规章制度、遵纪守法外，还需对自我进行约束，自觉弘扬社会主义法治精神，传承中华优秀传统法律文化，坚持做社会主义法治的忠实崇尚者、自觉遵守者、坚定捍卫者。

任务技能

技能点 1　MapReduce 简介

1. MapReduce 起源

MapReduce 是由 Google 公司研究并提出的分布式运算编程框架，旨在解决搜索引擎中大规模网页数据的并行化处理问题。Google 公司在发布 MapReduce 后重新改写了搜索引擎中的 Web 文档索引处理系统。在此之后，Google 公司内部进一步将 MapReduce 广泛应用于大规模数据处理。目前，Google 公司内已经有上万个不同算法均交由 MapReduce 进行处理。MapReduce 的应用极大地方便了编程人员，使其在不会分布式编程的情况下，也能将自己的程序运行在分布式系统上。

微课 3-2
MapReduce 简介

2. 什么是 MapReduce

MapReduce 是一个面向大数据并行处理的计算模型、框架和平台。作为计算模型，

MapReduce 能够提供高性能的并行计算能力，并且部署成本较低，能够在普通的商用服务器上构建分布式并行计算集群。作为并行计算与软件框架，MapReduce 能够自动完成并行计算任务，自动划分计算数据和任务，以及在集群节点间自动分配并执行任务。作为程序设计模型与方法，它借助于函数式程序设计语言 Lisp 的设计思想，提供了一种简便的并行程序设计方法，用 Map 和 Reduce 两个函数编程以实现基本的并行计算任务。

MapReduce 可以分成 Map 和 Reduce 两部分来理解，Map 主要是映射、变换、过滤的过程，能够将一组数据按照某种 Map 函数映射成新的数据，一条数据进入 Map 会被处理成多条数据。Reduce 是一个分解、缩小、归纳的过程，可以把若干组映射结果进行汇总并输出。

3. MapReduce 1.0 架构

MapReduce 1.0 的架构非常简单，与 HDFS 相同，也采用了 Master/Slave 架构，主要由 Client、JobTracker、TaskTracker、Task（包括 Map Task 和 Reduce Task）这 4 个部分组成，如图 3-1 所示。

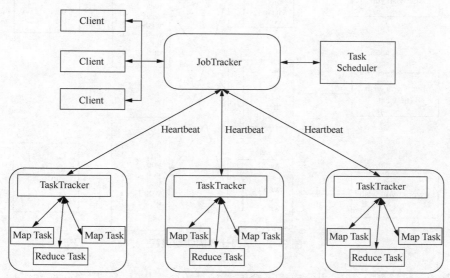

图 3-1 MapReduce 1.0 架构

关于图 3-1 所包含的各个部分的具体解释如下。

（1）Client：客户端，可以将用户编写好的 MapReduce 程序提交到 JobTracker 端，而用户可以通过客户端提供的接口进行作业状态的查看。

（2）JobTracker：JobTracker 主要负责监控资源和调度作业。JobTracker 会对所有 TaskTracker 和 Job 的健康状况进行监控，一旦 TaskTracker 和 Job 出现情况，JobTracker 会立即将当前的任务转移到其他节点执行；并且在任务执行期间，JobTracker 会对任务的执行进度、资源使用量等信息进行跟踪并报告给调度器，而调度器会选择合适的任务在资源出现空闲时使用该资源。

（3）TaskTracker：TaskTracker 会将当前节点资源的使用和任务运行进度等情况通过 HeartBeat 进行周期性的汇总并报给 JobTracker，可通过执行 JobTracker 发送过来的命令进行相应的操作，如新任务启动、任务关闭等。

（4）Task：任务，目前可分为 Map Task 和 Reduce Task 两种，并可通过 TaskTracker 进行启动。

4．分布式处理框架的"HelloWorld"

我们在学习 Java、Python 或 C++等编程语言时，通常编写的第一个代码就是输出"Hello World"，分布式处理框架也拥有自己的"Hello World"程序，就是 WordCount（单词计数），单词计数的实现流程如图 3-2 所示。

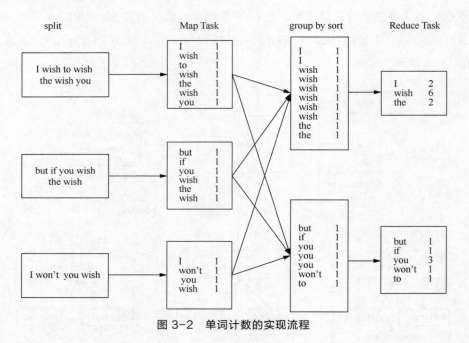

图 3-2　单词计数的实现流程

MapReduce 将输入数据切分成若干个输入分片（input split，后面简称 split），并将每个 split 交给一个 Map Task 处理；Map Task 不断地从对应的 split 中解析出一个个 key/value，并调用 map()函数处理，处理完之后根据 Reduce Task 的个数将结果分成若干个分片（partition）并写入本地磁盘；同时，每个 Reduce Task 从每个 Map Task 上读取属于自己的那个 partition，然后使用基于排序的方法将 key 相同的数据聚集在一起，调用 reduce()函数进行处理，并将结果输出到文件中。

技能点 2　YARN 简介

Apache Hadoop YARN（Yet Another Resource Negotiator，另一种资源协调者），是 Hadoop 通用资源管理和调度平台，能够为 MapReduce、

微课 3-3　YARN 简介

Storm、Spark 等计算框架（即上层应用）提供统一的资源管理和调度，使资源管理、数据共享、集群利用率等方面有极大的提升。简单来说，如果将 YARN 看作一个分布式的操作系统，将 MapReduce、Storm、Spark 等运算程序当作运行在系统上的应用程序，那么 YARN 的主要作用就是提供运算资源并用于执行运算程序。YARN 在 Hadoop 中的位置如图 3-3 所示。

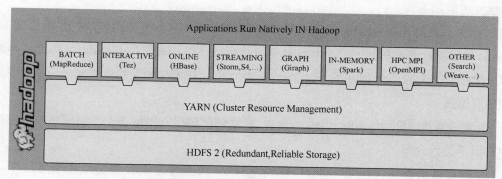

图 3-3　YARN 在 Hadoop 中的位置

YARN 是为了提高 Hadoop 集群的可靠性、可伸缩性和集群共享能力而设计的。YARN 也被称为下一代计算平台，它将部分职责委派给 TaskTracker，因为集群中有许多 TaskTracker。YARN 主要由 ResourceManager、MapReduce ApplicationMaster、NodeManager 和 Container 等几个组件构成。YARN 框架如图 3-4 所示。

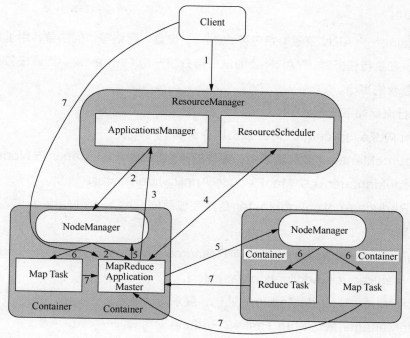

图 3-4　YARN 框架

YARN中的资源管理主要由ResourceManager和NodeManager协调完成。ResourceManager中的调度器负责资源的分配，NodeManager负责资源的供给和隔离。ResourceManager将某个NodeManager上的资源分配给任务（这就是所谓的资源调度）后，NodeManager需按照要求为任务提供相应的资源，甚至应保证这些资源具有独占性。YARN结构中各组件说明如下。

（1）ResourceManager：负责统一管理和调度各NodeManager上的资源，运行ApplicationMaster分配的空闲Container并监控运行状态，根据ApplicationMaster申请的资源请求分配相应的空闲Container。ResourceManager主要由两个组件构成——资源调度器和应用程序管理器。

- 资源调度器（ResourceScheduler）：资源调度器可以根据各个应用程序的资源需求将节点中的资源进行分配。
- 应用程序管理器（ApplicationsManager）：负责管理平台中的所有应用程序，包括ApplicationMaster容器服务的重启、应用程序的提交、应用程序运行状态监控等。

（2）NodeManager：各节点的资源和任务管理器，负责节点的维护工作，对当前节点上的资源使用情况、Container运行状态等进行监听，向ResourceManager进行定时汇报，对ApplicationMaster的Container启动、停止等任务进行处理。

（3）ApplicationMaster：负责调度和协调具体的应用程序，对应用程序上所有尝试运行的任务在集群中各个节点的运行情况进行监控和管理，向ResourceManager进行资源申请、资源返还等操作。

（4）Container：YARN资源（如内存、CPU、磁盘、网络等）的抽象，用于资源分配时资源划分的单位。在执行任务时，YARN会为该任务分配一个Container，而该任务只能使用这个Container所包含的资源。

YARN执行流程如下所示。

（1）Client向ResourceManager发出命令请求。

（2）ResourceManager收到请求后，集群的ApplicationsManager与NodeManager进行通信，由NodeManager建立MapReduce ApplicationMaster。

（3）MapReduce ApplicationMaster创建完成后向ResourceManager发送已经创建完毕并注册的信息。

（4）MapReduce ApplicationMaster向ResourceScheduler申请资源，ResourceScheduler将资源分配给MapReduce ApplicationMaster。

（5）MapReduce与NodeManager通信，要求启动任务。

（6）NodeManager启动Map Task和Reduce Task。

（7）各任务向MapReduce ApplicationMaster反馈执行的结果，期间Client可以通过MapReduce ApplicationMaster监控Map Task和Reduce Task的执行情况。

技能点 3 正则表达式

1. 什么是正则表达式

微课 3-4 正则表达式

正则表达式（Regular Expression），也称为规则表达式，在代码中常简写为 regex、regexp 或 RE，包括普通字符（如 a~z 的字母）和特殊字符（也称为元字符），是计算机科学中的一个概念。正则表达式是对字符串进行操作的一种逻辑公式，就是用事先定义好的一些特定字符及这些特定字符的组合，组成一个"规则字符串"，这个"规则字符串"用来表达对字符串的一种过滤逻辑。正则表达式是一种文本模式，该模式描述在搜索文本时要匹配的一个或多个字符串。

2. 定义正则表达式

正则表达式是字符串，通过文字与特殊字符的混合，可以定义复杂的字符串匹配与取代类型。正则表达式的核心是对元字符的理解，正则表达式元字符如表 3-1 所示。

表 3-1 正则表达式元字符

元字符	描述
\	用于将下一个元字符、向后引用字符、八进制字符等当作普通字符来进行匹配
^	匹配输入字符串行首
$	匹配输入字符串行尾
*	匹配前面的子表达式任意次
+	匹配前面的子表达式 1 次或多次（大于等于 1 次）
?	匹配前面的子表达式 0 次或 1 次。当该字符紧跟在任何一个其他限制符（如*、+、?、{n}、{n,}、{n,m}等）后面时，匹配模式是非贪婪的。非贪婪模式尽可能少地匹配所搜索的字符串，而默认的贪婪模式则尽可能多地匹配所搜索的字符串
{n}	n 是一个非负整数。匹配确定的 n 次
{n,}	n 是一个非负整数。至少匹配 n 次
{n,m}	m 和 n 均为非负整数，其中 n≤m。最少匹配 n 次且最多匹配 m 次
.	匹配除 "\n" 和 "\r" 之外的任何单个字符
x|y	匹配 x 或 y
[xyz]	字符集合。匹配所包含的任意一个字符。例如，"[abc]"可以匹配"plain"中的"a"
[^xyz]	负值字符集合。匹配未包含的任意字符。例如，"[^abc]"可以匹配"plain"中的"plin"任一字符
[a-z]	字符范围。匹配指定范围内的任意字符
[^a-z]	负值字符范围。匹配任何不在指定范围内的任意字符
\b	匹配一个单词的边界
\B	匹配非单词边界。"er\B"能匹配"verb"中的"er"，但不能匹配"never"中的"er"
\d	匹配一个数字字符
\D	匹配一个非数字字符
\f	匹配一个换页符

续表

元字符	描述
\n	匹配一个换行符
\r	匹配一个回车符
\s	匹配任何不可见字符，包括空格、制表符、换页符等。等价于[\f\n\r\t\v]
\S	匹配任何可见字符。等价于[^ \f\n\r\t\v]
\t	匹配一个制表符
\v	匹配一个垂直制表符
\w	匹配包括下画线的任何单词字符
\W	匹配任何非单词字符
( )	将"("")"之间的表达式定义为"组"，并且将匹配这个表达式的字符保存到一个临时区域（一个正则表达式中最多可以保存9个），它们可以用\1 到\9 的符号来引用
|	将两个匹配条件进行逻辑"或"运算

3．Python 中正则表达式的应用

Python 中内置了 RE 库（正则表达式库），不需要进行下载和安装，在使用时只需要通过 import re 命令引入即可。在使用正则表达式实现文本过滤之前需要进行正则表达式的定义，RE 库提供了多种正则表达式定义方式。其中，r 方式在使用时会先将字符串转换为正则表达式对象，之后才会被函数执行实现过滤效果，每次使用该方式都需要重新进行转换，严重影响过滤的效率；而 compile()方法会直接根据字符串创建正则表达式对象，再次使用时不需要重复转换，效率更高。正则表达式定义语法如下。

```
//第一种方式
r'正则表达式'
//第二种方式，flags 用于设置匹配方式，可选填
re.compile(r'正则表达式',flags)
```

正则表达式定义完成后，即可通过 RE 库提供的多种方法执行正则表达式，其中常用的正则表达式执行方法如下。

（1）search()

search()方法能够对整个字符串内容进行搜索，找到第一个匹配成功的内容，并以 Match 对象形式返回，当匹配不成功则返回 None。search()方法语法格式如下。

```
re.search(pattern, string, flags)
```

参数说明如下。
- pattern：要匹配的正则表达式。
- string：要匹配的字符串。

- flags：标志位，用于控制正则表达式的匹配方式。

flags 可选参数值如表 3-2 所示。

表 3-2　flags 可选参数值

参数值	描述
re.I	忽略大小写
re.L	表示特殊字符集\w、\W、\b、\B、\s、\S 依赖于当前环境
re.M	多行模式
re.X	为了增加可读性，忽略空格和#后面的注释

（2）match()

match()方法可以从整个字符串的起始位置开始搜索匹配正则表达式的内容，如果从起始位置开始匹配成功则以 Match 对象形式返回，如果不是起始位置匹配成功则返回 None。其参数及作用与 search()方法相同。match()方法语法格式如下。

re.match(pattern, string, flags)

（3）findall()

findall()方法可以在字符串中找到正则表达式所匹配的所有子串，并返回一个列表，如果有多个匹配模式，则返回元组列表，如果没有找到匹配的子串，则返回空列表。其参数及作用与 search()方法相同。findall()方法语法格式如下。

re.findall(pattern, string, flags)

（4）split()

split()方法可以将字符串中符合正则表达式的字符作为分割符将整个字符串分割，并以列表类型返回分割后的内容，当没有符合的字符时，则将整个字符串以列表形式返回。其部分参数及作用与 search()方法相同。split()方法语法格式如下。

re.split(pattern, string, maxsplit, flags)

- maxsplit：分隔次数，maxsplit=1 表示分隔一次，默认为 0，不限制次数。

任务实施

我们通过以下几个步骤，对电商产品数据中的评价数据（phone_comment.csv）使用正则表达式进行匹配并输出为每列使用\t 分割的数据，具体步骤如下。

第一步：创建存储代码的目录结构。

在"/usr/local/inspur"目录中创建"/code/MR_comment_code"的目录路径，并查看是否创建成功，命令如下。

微课 3-5　任务实施-编辑正则表达式

```
[root@master ~]# mkdir -p /usr/local/inspur/code/MR_comment_code

[root@master ~]# ls /usr/local/inspur/

[root@master ~]# ls /usr/local/inspur/code
```

结果如图 3-5 所示。

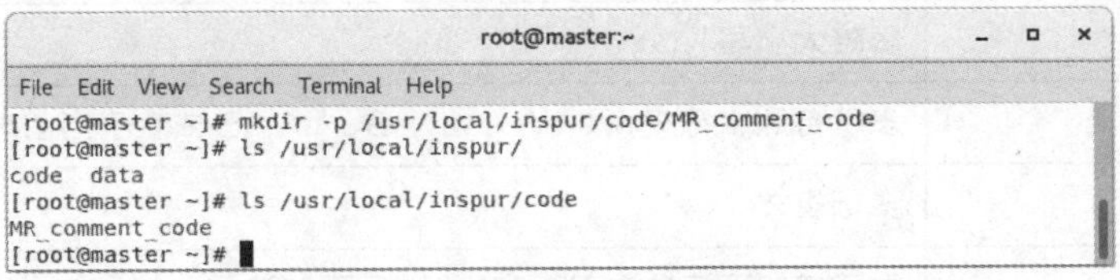

图 3-5　创建代码存储路径

第二步：创建并编辑 Python 文件。

在"/usr/local/inspur/code/MR_comment_code"目录下创建名为"Map.py"的 Python 文件，命令如下。

```
[root@master ~]# cd /usr/local/inspur/code/MR_comment_code/

[root@master ~]# vim Map.py          #按 Enter 键进入 Vim 编辑器
```

第三步：编辑正则表达式。

使用 Vim 编辑器编写代码，首先引入 Python 的 RE 库和 sys 库，读取运行时传入的数据，使用正则表达式对其进行匹配和处理，代码如下所示。

```python
#!/usr/bin/env python
import sys
import re
for line in sys.stdin:
    try:
        reg = re.compile('(\d{11}),([0-9]{7}),([0-9a-z]{8}-[0-9a-z]{4}-[0-9a-z]{4}-[0-9a-z]{4}-[0-9a-z]{12}),(.*),(\d{4}-\d{1,2}-\d{1,2}\s\d{1,2}:\d{1,2}:\d{1,2}),(\d{7}),(\d{4}-\d{1,2}-\d{1,2}\s\d{1,2}:\d{1,2}:\d{1,2}),(\d),(.*),(.*),(.*),(.*)')
    except Exception as e:
        pass
```

第四步：获取正则表达式匹配的结果。

在正则表达式后添加代码，使用 match()函数进行匹配，使用 group()函数分别获取正则表达式所匹配到的每一项指标，并赋值给单独变量，代码如下所示。

微课 3-6　任务实施-获取正则表达式匹配的结果

```python
regMatch = reg.match(line)
number = regMatch.group(1)
```

```
commodityID = regMatch.group(2)
GUID=regMatch.group(3)
comment=regMatch.group(4)
commenttime = regMatch.group(5)
referenceID = regMatch.group(6)
referencetime = regMatch.group(7)
score = regMatch.group(8)
nickname = regMatch.group(9)
level = regMatch.group(10)
ismobile = regMatch.group(11)
platform = regMatch.group(12)
```

第五步：格式化输出。

在第三步的代码后添加代码，使用 print 语句将每项指标使用\t 作为列分隔符，输出到命令行窗口，Map.py 完整代码如下所示。

```
print('%s\t%s\t%s\t%s\t%s\t%s\t%s\t%s\t%s\t%s\t%s\t%s' %(number,commodityID,
GUID,comment,commenttime,referenceID,referencetime,score,nickname,level,ismobile,
platform))
```

第六步：运行代码。

在当前目录下运行 Map.py 代码，并将 phone_comment.csv 文件作为输入，命令如下。

```
[root@master MR_comment_code]# python Map.py < /usr/local/inspur/data/phone_comment.csv
```

结果如图 3-6 所示。

图 3-6 匹配结果

任务 3-2　使用 Hadoop Streaming 处理电商产品数据

任务描述

Hadoop Streaming 是一个编程工具，开发人员可以借助 Hadoop Streaming 提交 MapReduce 程序。本任务主要通过使用 Hadoop Streaming 编程工具完成数据清洗与词频统计的任务。在任务的实现过程中，帮助读者熟悉 MapReduce 程序的编程逻辑，掌握使用 Hadoop Streaming 编程的方法。

素质拓展

职业道德规范是在职业活动中应遵循的、体现一定职业特征的、调整一定职业关系的职业行为准则和规范。作为大数据行业的从业人员，会接触很多的数据，其中不乏敏感数据，在使用这些数据时，应自觉抵制各种违反职业道德和知识产权法的行为。作为大数据从业人员，其最高准则就是尊重数据背后的人，当从数据中获取的信息能够对人产生影响时，从业者首先需要考虑其潜在危害。

任务技能

技能点 1　Hadoop Streaming 简介

Hadoop 为 MapReduce 提供了多种 API，支持 Java、Python 等语言使用 MapReduce 框架，Hadoop Streaming 就是其中一种编程的 API。Hadoop 使用了 UNIX 中的 Standard Streams 作为 MapReduce 程序和 MapReduce 框架之间的接口，支持标准输入输出的语言都能够编写 MapReduce 程序。Hadoop Streamming 主要用于文字处理（Text Processing），能够通过各种脚本语言快速地处理大量的文本文件。

微课 3-7　Hadoop Streaming 简介及使用方法

技能点 2　Hadoop Streaming 的使用方法

使用 Hadoop Streaming 运行 MapReduce 程序非常简单，只需在 Hadoop 安装包 bin 目录下，在 Hadoop 脚本后添加 Streaming 的 jar 包的完整路径即可实现，Streaming 的 jar 包存放在安装包的 share→hadoop→tools→lib 目录下。Hadoop Streaming 语法如下所示。

```
hadoop jar hadoop-streaming.jar \
    -D mapred.job.name="streaming_wordcount" \
    -D mapred.map.tasks=3 \
```

```
        -D mapred.reduce.tasks=3 \
        -D mapred.job.priority=3 \
        -input /input/ \
        -output /output/ \
        -mapper python mapper.py \
        -reducer python reducer.py \
        -file ./mapper.py \
        -file ./reducer.py
```

具体说明如下。

- mapred.job.name：作业名称。
- mapred.map.tasks：map 任务数量。
- mapred.reduce.tasks：reduce 任务数量。
- mapred.job.priority：作业优先级。
- -input：在 HDFS 上的作业结果输入路径，支持通配符，支持多个文件。
- -output：在 HDFS 上的作业结果输出路径。
- -mapper：mapper 可执行程序。
- -reducer：reducer 可执行程序。
- -file：分发本地文件。

任务实施

接下来，我们对电商产品数据进行清洗操作，并对商品评论中的内容进行分词，统计出每个词出现的次数，最后将清洗和分析结果保存到 HDFS 中，具体步骤如下。

第一步：编写用于清洗"phone_comment.csv"数据的 Reduce 程序。

在"/usr/local/inspur/code/MR_comment_code"目录下创建名为"Reduce.py"的 Python 程序过滤空行，代码如下所示。

微课 3-8 任务实施-清洗操作

```
[root@master ~]# vim //usr/local/inspur/code/MR_comment_code/Reduce.py    #代码如下
#!/usr/bin/env python
import sys
for line in sys.stdin:
    line = line.strip()
    if line !='':
        print(line)
```

第二步：复制 hadoop-streaming.jar 文件。

为了方便执行 Hadoop Streaming 程序，我们将 hadoop-streaming.jar 文件复制到"/usr/local/inspur/code"目录下，命令如下。

[root@master ~]# cp /usr/local/hadoop/share/hadoop/tools/lib/hadoop-streaming-3.3.3.jar /usr/local/inspur/code/

[root@master ~]# cd /usr/local/inspur/code/

[root@master code]# ls

结果如图 3-7 所示。

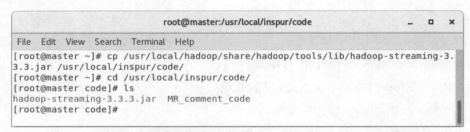

图 3-7　复制 hadoop-streaming 文件

第三步：执行针对"phone_comment.csv"的数据清洗操作。

使用 Hadoop Streaming 执行数据清洗，将清洗结果保存到 HDFS 的"/Edata/comment"目录下，命令如下。

[root@master code]# cd ./MR_comment_code/

[root@master MR_comment_code]# hadoop jar ../hadoop-streaming-3.3.3.jar -file ./Map.py -mapper Map.py -file ./Reduce.py -reducer Reduce.py -input /Edata/input/phone_comment.csv -output /Edata/comment

[root@master MR_comment_code]# hdfs dfs -cat /Edata/comment/part-00000

结果如图 3-8 所示。

图 3-8　phone_comment 数据清洗结果

第四步：将"phone_comment.csv"中的评论数据进行分词。

编写 Python 程序，使用正则表达式匹配评论数据，然后使用 jieba 库进行分词和处理，每个词之间使用空格分隔，之后将分词结果保存到本地并上传到 HDFS 中，代码如下所示。

微课 3-9　任务实施-分词功能

```
[root@master MR_comment_code]# mkdir /usr/local/inspur/code/wordcount
[root@master MR_comment_code]# cd ..
[root@master code]# cd ./wordcount/
[root@master wordcount]# vim jiebaparticiple.py    #代码如下
#!/usr/bin/env python
# encoding=utf-8
import sys
import re
import jieba
from hdfs import *
for line in sys.stdin:
try:
    #正则表达式
        reg = re.compile('(\d{11}),([0-9]{7}),([0-9a-z]{8}-[0-9a-z]{4}-[0-9a-z]{4}-[0-9a-z]{4}-[0-9a-z]{12}),(.*),(\d{4}-\d{1,2}-\d{1,2}\s\d{1,2}:\d{1,2}:\d{1,2}),(\d{7}),(\d{4}-\d{1,2}-\d{1,2}\s\d{1,2}:\d{1,2}:\d{1,2}),(\d),(.*),(.*),(.*),(.*)')
        #使用正则表达式匹配
        regMatch = reg.match(line)
        #获取评论数据
        comment=regMatch.group(4)
        #分词
        seg_list = jieba.cut(comment)
        #将分词结果输出到文本文件
        with open('/usr/local/inspur/code/wordcount/participle.txt','a',encoding='utf-8') as f:
            f.write(" ".join(seg_list))
    except Exception   as e:
        pass
```

```
#上传数据到HDFS
client=Client("http://127.0.0.1:50070")
#判断目录是否存在
if client.content('/Edata',strict=False)==None:
    print('Creating directory and upload......')
    client.makedirs('/Edata/input')
    client.upload('/Edata/input','/usr/local/inspur/code/wordcount/participle.txt')
else:
    print('Uploading participle.txt......')
    client.upload('/Edata/input','/usr/local/inspur/code/wordcount/participle.txt')
[root@master wordcount]# python jiebaparticiple.py < /usr/local/inspur/data/phone_comment.csv
[root@master wordcount]# hdfs dfs -cat /Edata/input/participle.txt
```

结果如图3-9所示。

图3-9 分词结果文件内容

第五步：使用MapReduce进行词频统计。

对分词后的评论信息进行词频的统计，分别编写Map.py和Reduce.py程序，最后执行词频统计，代码如下所示。

微课3-10 任务实施-词频统计

```
[root@master wordcount]# vim Map.py       #代码如下
#!/usr/bin/env python
import sys
for line in sys.stdin:
    words = line.split()
    for word in words:
```

```
            #将每个词映射为 key-value 形式
            print("%s\t%s" % (word, 1))
[root@master wordcount]# vim Reduce.py   #代码如下
#!/usr/bin/env python
from operator import itemgetter
import sys
current_word = None
current_count = 0
word = None
for line in sys.stdin:
    line = line.strip()
    word, count = line.split('\t', 1)
    try:
        count = int(count)
    except ValueError:   #count 如果不是数字的话，直接忽略
        continue
    if current_word == word:
        current_count += count
    else:
        if current_word:
            print("%s\t%s" % (current_word, current_count))
        current_count = count
        current_word = word
if word == current_word:
    print("%s\t%s" % (current_word, current_count))
[root@master wordcount]# hadoop jar /usr/local/inspur/code/hadoop-streaming-3.3.3.jar -file ./Map.py -mapper Map.py -file ./Reduce.py -reducer Reduce.py -input /Edata/input/participle.txt -output /Edata/participle
[root@master wordcount]# hdfs dfs -cat /Edata/participle/part-00000
```

结果如图 3-10 所示。

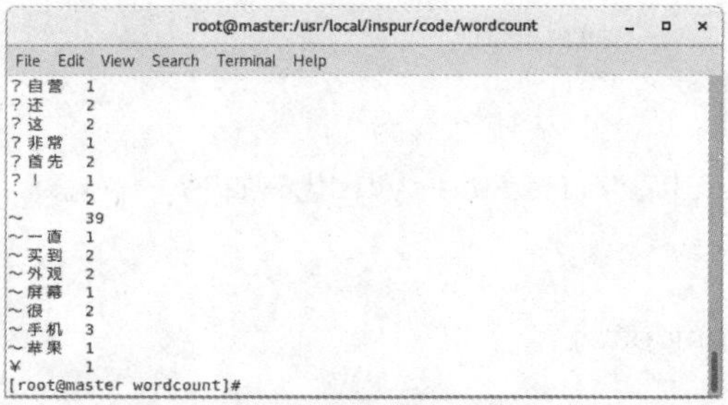

图 3-10 词频统计

第六步：编写清洗"phone_list.csv"数据集的 Map.py。

在"/usr/local/inspur/code"目录中创建名为"MR_list_code"的目录，在该目录中创建 Map.py 程序，对原始数据使用","进行分隔，最终输出格式使用"\t"作为列分隔符，代码如下所示。

微课 3-11 任务实施-编写文件

```
[root@master wordcount]# cd /usr/local/inspur/code
[root@master code]# mkdir ./MR_list_code
[root@master code]# cd ./MR_list_code/
[root@master MR_list_code]# vim Map.py
#!/usr/bin/env python
import sys
import re
for line in sys.stdin:
    try:
        #使用逗号分隔数据
        linesp=line.split(',')
        cname=linesp[0]
        CId=linesp[1]
        price=linesp[2]
        comment=linesp[3]
        store_name=linesp[4]
        link_to_details=linesp[5]
        self_operated_or_not=linesp[6]
        #使用\t 分隔输出
        print('%s\t%s\t%s\t%s\t%s\t%s\t%s' % (cname,CId,price,comment,store_name,link_to_details,self_operated_or_not))
```

```
        except Exception as e:
            pass
```

第七步：执行清洗"phone_list.csv"数据。

将"MR_comment_code"目录下的 Reduce.py 文件复制到"MR_list_code"目录下，然后执行数据清洗，最后查看结果，代码如下所示。

```
[root@master MR_list_code]# cp ../MR_comment_code/Reduce.py ./

[root@master MR_list_code]# hadoop jar ../hadoop-streaming-3.3.3.jar -file ./Map.py -mapper Map.py -file Reduce.py -reducer Reduce.py -input /Edata/input/phone_list.csv -output /Edata/list

[root@master MR_list_code]# hdfs dfs -cat /Edata/list/part-00000
```

结果如图 3-11 所示。

图 3-11　查看 phone_list.csv 清洗结果

项目小结

本项目通过对电商产品数据进行清洗和统计，帮助读者熟悉 MapReduce、Hadoop Streaming 的架构及其优点，掌握 MapReduce 程序的编写方法和 Hadoop Streaming 的执行方法，并能够通过所学知识编写和运行 MapReduce 程序，最终完成数据清洗等任务。

课后习题

1. 选择题

（1）MapReduce 采用的架构是（　　）。
　　A. Master/Slave　　B. C/S　　　　C. B/S　　　　D. A/S

（2）正则表达式中用于匹配一个数字字符的是（　　）。
  A. \b　　　　　　B. \D　　　　　　C. \d　　　　　　D. \r
（3）YARN 架构中关于 NodeManager 的说法正确的是（　　）。
  A. 负责调度和协调具体的应用程序　　B. 各节点的资源和任务管理器
  C. 资源分配时资源划分　　　　　　　D. 任务资源分配
（4）下列选项中不属于 YARN 架构组件的是（　　）。
  A. Task　　　　　　　　　　　　　　B. Resource Manager
  C. ApplicationMaster　　　　　　　D. NodeManager
（5）启动 Hadoop Streaming 程序时使用（　　）参数设置作业文件的输入路径。
  A. -output　　　B. -file　　　　C. -mapper　　　D. -input

2．判断题

（1）MapReduce 是由 Google 公司研究并提出的分布式运算编程框架。（　　）

（2）Apache Hadoop YARN 是 Hadoop 通用分布式计算平台。（　　）

（3）MapReduce 架构中的客户端，可以将用户编写好的 MapReduce 程序提交到 TaskTracker，而用户可以通过客户端提供的接口进行作业状态的查看。（　　）

（4）TaskTracker 会将当前节点资源使用和任务运行进度等情况通过 HeartBeat 进行周期性的汇总并报给 JobTracker，通过执行 JobTracker 发送过来的命令进行相应的操作，如新任务启动、任务关闭等。（　　）

3．简答题

（1）简述 MapReduce 单词计数的处理流程。

（2）YARN 由哪些组件组成？YARN 的执行流程是什么？

自我评价

查看自己通过学习本项目是否掌握了以下技能，在表 3-3 中标出相应的掌握程度。

表 3-3　技能检测表

评价标准	个人评价	小组评价	教师评价
能够使用正则表达式匹配文本数据			
能够编写 MapReduce 程序并使用 Hadoop Streaming 运行			

备注：A. 具备　　B. 基本具备　　C. 部分具备　　D. 不具备

项目4
电商产品数据离线分析

项目导言

数据在产生后通常不会立即被处理和分析,而是在固定的周期进行处理和分析,这样数据分析人员能够一次性处理海量数据,且周期性的操作会使数据分析更准确。周期性的数据处理和分析通常会借助离线分析技术。目前,数据的离线分析技术已经非常成熟,常见的数据离线分析工具是 Hadoop 的 Hive。除了 Hive 组件之外,还可以通过 Spark 的 Spark SQL 组件完成数据离线分析。本项目将分别应用 Hive 和 Spark SQL 组件来完成电商产品数据离线分析。

项目导图

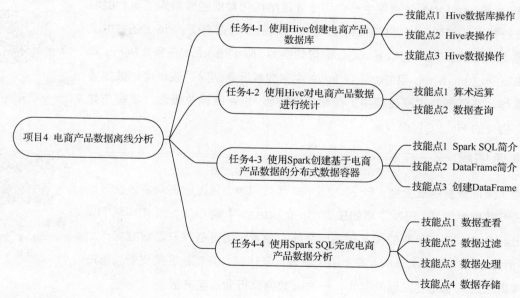

知识目标

> 了解 Hive 相关知识。
> 熟悉 Hive 数据的操作。
> 熟悉 DataFrame 的创建。

➤ 掌握 Spark SQL 的数据操作。
➤ 具备实现海量数据离线分析的能力。

技能目标

➤ 能够使用 Hive QL 进行数据操作。
➤ 掌握 Hive 数据查询命令的使用。
➤ 具备创建 DataFrame 的能力。
➤ 能够应用 Spark SQL 分析数据。

素养目标

➤ 了解国产数据库的发展，认识技术不断更新变革的需求，培养终身学习意识。
➤ 通过学习 Spark SQL，培养数据驱动的思维方式。

任务 4-1　使用 Hive 创建电商产品数据库

任务描述

Hive 是 Hadoop 生态圈中一个用于处理结构化数据的数据库工具，能够用来进行数据的提取、转化和加载，使查询和数据分析更方便。Hive 还提供了简单的 SQL 查询功能，可以将 SQL 语句转换为 MapReduce 任务来执行。本任务主要通过 Hive QL 相关命令在 Hive 中完成数据库创建、表创建、数据导入等操作。在任务的实现过程中，帮助读者熟悉 Hive 的相关概念，掌握与数据操作相关的 Hive QL 命令。

微课 4-1　Hive 简介

素质拓展

为了保证数据的安全性，自 20 世纪 90 年代以来，我国就有众多企业开始涉足国产数据库领域，研发了诸如东软 OpenBase、中软 Cobase 和华科 DM Database 等一系列优秀的国产数据库产品。随着国内外各种开源数据库（如 PostgreSQL、HBase、Hive 等）和大数据、云计算、开源社区的兴起，国产数据库真正进入了蓬勃发展的时代，一时间数据库行业百花齐放。

微课 4-2　Hive 体系架构和数据库操作

任务技能

技能点 1　Hive 数据库操作

Hive 作为一个数据库工具，虽然与传统关系数据库有本质区别，但提供了与传统数据库类似的概念，用户可以通过 Hive QL 语句完成对数据库和表的相关操作。目前，常用的数据库操作命令有创建数据库、查看数据库名称、查看数据库信息、选择数据库、删除数据库，如表 4-1 所示。

表 4-1 常用的数据库操作命令

命令	描述
CREATE DATABASE	创建数据库
SHOW DATABASES	查看数据库名称
DESCRIBE DATABASE	查看数据库信息
USE	选择数据库
DROP DATABASE	删除数据库

（1）创建数据库

在 Hive 中，数据库的创建通过"CREATE DATABASE"命令实现，在创建的同时会在 HDFS 中创建一个与数据库同名的目录，目录中包含的子目录为该数据库中存在的表，语法格式如下。

CREATE DATABASE [IF NOT EXISTS] <数据库名> [COMMENT] '数据库的描述信息' [LOCATION] '数据库在 HDFS 中的位置';

参数说明如表 4-2 所示。

表 4-2 "CREATE DATABASE"命令常用参数

参数	描述
IF NOT EXISTS	创建数据库时，不管数据库是否存在都不抛出异常
COMMENT	定义数据库的描述信息
LOCATION	定义数据库在 HDFS 中的位置

（2）查看数据库名称

Hive 提供了一个数据库名称查看命令"SHOW DATABASES"，不需要任何参数直接应用即可查看 Hive 中当前存在的所有数据库，并将数据库的名称返回。

（3）查看数据库信息

"DESCRIBE DATABASE"命令可以查看指定数据库的详细信息，在使用时只需提供数据库的名称即可，语法格式如下。

DESCRIBE DATABASE <数据库名>;

查询后返回的数据库详细信息按照如下顺序排列。

- 数据库名。
- 数据库在 HDFS 中的路径。
- 所属用户。

（4）选择数据库

选择数据库使用"USE"命令，与"SHOW DATABASES"命令的使用方法相同，只需指定数据库名称即可，语法格式如下所示。

```
USE <数据库名>;
```

也可以通过 Hive 提供的"select current_database();"命令返回数据库名称，查询当前所在数据库。

（5）删除数据库

"DROP DATABASE"命令结合数据库名称即可完成数据库的删除，默认情况下，该命令只能删除不包含表的空数据库，也可通过参数设置强制删除数据库，语法格式如下所示。

```
DROP DATABASE [IF EXISTS] <数据库名> [CASCADE];
```

参数说明如表 4-3 所示。

表 4-3 "DROP DATABASE"命令常用参数

参数	描述
IF EXISTS	当删除数据库时，不管数据库是否存在都不会抛出异常
CASCADE	强制删除数据库

技能点 2　Hive 表操作

微课 4-3　Hive 表操作和数据操作

Hive 表主要由存储的数据和描述表格中数据形式的元数据组成，其存放在分布式文件系统中，当表中未存在数据时，该表在 HDFS 中将以空文件夹的形式存在。根据存储位置的不同，可以将 Hive 表分为内部表和外部表两种，具体说明如下。

- 内部表：数据文件存储在 Hive 数据库里，若执行删除操作会删除相关目录及数据。
- 外部表：数据文件存储在 Hive 数据库外的分布式文件系统中，在执行删除操作时，只会删除元数据信息，而不会删除 HDFS 中的数据。

与关系数据库相同，Hive 表也包含表的创建、查看、修改、删除等常用操作，常用的 Hive 表操作命令如表 4-4 所示。

表 4-4 常用的 Hive 表操作命令

命令	描述
CREATE TABLE	创建表
SHOW TABLES	查看表名称
DESCRIBE	查看表信息
ALTER TABLE	修改表
DROP TABLE	删除表

（1）创建表

Hive 表的创建通过"CREATE TABLE"命令实现，在使用时可通过相关参数指定数据字段的分隔符、表在 HDFS 中的存储位置、分区设置等，语法格式如下。

```
CREATE [EXTERNAL] TABLE <表名>(row1 数据类型,row2 数据类型,...)
    [COMMENT] '表描述信息'
    [PARTITIONED BY] (分区字段及类型)
    [ROW FORMAT DELIMITED] {LINES TERMINATED BY '\t' | FIELDS TERMINATED BY ',' | MAP KEYS TERMINATED BY ':' | COLLECTION ITEMS TERMINATED BY ','}
    [STORED AS] {TEXTFILE | SEQUENCEFILE | RCFILE | ORC}
    [LOCATION] '表在 HDFS 中的存储位置';
```

参数说明如表 4-5 所示。

表 4-5 "CREATE TABLE"命令常用参数

参数	描述
EXTERNAL	创建外部表，当不使用时，则默认创建内部表
COMMENT	定义表的描述信息
PARTITIONED BY	为表指定分区字段
ROW FORMAT DELIMITED	指定表字段的分隔符，可选参数值如下。 LINES TERMINATED BY：指定行分隔符。 FIELDS TERMINATED BY：指定每行中字段分隔符。 MAP KEYS TERMINATED BY：指定数据中 Map 类型的 Key 与 Value 之间的分隔符。 COLLECTION ITEMS TERMINATED BY：指定元素之间的分隔符
STORED AS	设置 HDFS 中文件的存储格式，可选参数值如下。 TEXTFILE：文本格式，默认值。 SEQUENCEFILE：二进制序列文件。 RCFILE：列式存储格式文件。 ORC：列式存储格式文件，比 RCFile 有更高的压缩比和读写效率
LOCATION	定义表在 HDFS 中的存储位置

（2）查看表名称

在数据表创建完成后，为了确认是否创建成功，可以通过"SHOW TABLES"命令实现数据库表名称的查看，此命令可以将当前数据库包含的所有数据表名称返回。

（3）查看表信息

Hive 的表信息查看命令为"DESCRIBE"，使用此命令可以查看表所属数据库、创建时间、数据集所在目录和表的类型（内部表或外部表）等元数据信息，语法格式如下。

```
DESCRIBE [EXTENDED|FORMATTED] <表名>;
```

如果指定了 EXTENDED 关键字，则将以 Thrift—序列化形式显示表的所有元数据；如果指定了 FORMATTED 关键字，则将以表格形式显示元数据。

查询后返回的表详细信息的属性如表 4-6 所示。

表 4-6 表详细信息的属性

属性	描述
Database	所属数据库
CreateTime	创建时间
Location	表在 HDFS 中的存储位置
Table Type	表类型，说明如下。 MANAGED_TABLE：内部表 EXTERNAL_TABLE：外部表

（4）修改表

"ALTER TABLE"命令主要用于实现对表的修改，包括表名修改、字段名修改，并且在修改时只会改变表的信息而不会修改数据，语法格式如下。

```
ALTER TABLE <旧表名> RENAME TO <新表名>;
ALTER TABLE <表名> CHANGE <旧字段名> <新字段名> <字段类型>
[COMMENT] '字段描述信息'
[FIRST|AFTER] <字段名>;
```

其常用参数如表 4-7 所示。

表 4-7 "ALTER TABLE"命令常用参数

参数	描述
COMMENT	定义字段的描述信息
FIRST	将调整修改后的字段放到指定字段前
AFTER	将调整修改后的字段放到指定字段后

需要注意的是，在进行表名称的修改时，由于名称发生了变化，因此数据在 HDFS 中的存储位置也将发生改变，但分区不会改变。

（5）删除表

删除表的命令与删除数据库的命令类似，删除表使用"DROP TABLE"命令，对于内部表会将数据一起删除，而对于外部表只会删除表结构，语法格式如下。

```
DROP TABLE <表名>;
```

技能点 3　Hive 数据操作

与传统关系数据库不同，Hive 数据库提供了多种数据操作方式，包括数据导入、数据导出、数据插入等。

1. 数据导入

数据导入是指将存储在 HDFS 中的数据导入 Hive 表。由于 Hive 基于 HDFS 进行存储，表中的数据存储在分布式文件系统中，没有专门的数据存储格式，也没有为数据建立索引，因此，可以通过"LOAD DATA"命令将 HDFS 或本地文件系统中的数据加载到 Hive 表中，语法格式如下。

```
LOAD DATA [LOCAL] INPATH 'filepath' INTO TABLE <表名> [PARTITION] (partcol1=val1, partcol2=val2,...);
```

其常用参数如表 4-8 所示。

表 4-8 "LOAD DATA"命令常用参数

参数	描述
LOCAL	本地文件设置，不使用时表示从 HDFS 文件进行加载
INPATH	数据文件路径
INTO TABLE	指定目标表
PARTITION	在为分区表插入数据时设置分区字段值

2. 数据导出

在使用 Hive 进行统计分析后，为了避免数据的重复统计或丢失，可通过"INSERT OVERWRITE"命令将 Hive 表中的数据导出到本地文件系统或 HDFS 中永久保存，并将目标目录下的内容删除，语法格式如下。

```
INSERT OVERWRITE [LOCAL] DIRECTORY '目标路径' SELECT ...;
```

其常用参数如表 4-9 所示。

表 4-9 "INSERT OVERWRITE"命令常用参数

参数	描述
LOCAL	本地文件设置，不使用时表示导出到 HDFS
DIRECTORY	目标路径
SELECT	数据查询语句

3. 数据插入

在 Hive 中，除了可以通过数据导入方式批量添加数据，还可以通过数据插入方式进行数据的添加。目前，Hive 有两种数据插入方式，分别是单条数据插入和查询结果插入。其中，单条数据插入是最简单的插入方式之一，可直接将指定的值追加到数据表中，语法格式如下。

```
INSERT INTO <表名>(字段列) VALUES(插入的值);
```

相对于单条数据插入，查询结果插入需要在单条数据插入的基础上结合 SELECT 语句来实现,语法格式如下所示。

```
INSERT INTO|OVERWRITE TABLE <表名> [PARTITION] (partcol1=val1, partcol2=val2,...)
SELECT ...;
```

其常用参数如表 4-10 所示。

表 4-10 查询结果插入命令常用参数

参数	描述
OVERWRITE	覆盖原有表中的数据
INTO	在原有数据的基础上追加数据
PARTITION	在为分区表插入数据时设置分区字段值

任务实施

通过对 Hive 的概念以及数据库、表、数据相关操作的学习,完成"电商产品数据的处理与分析"项目中数据库和数据表的创建。

第一步:打开命令提示符窗口,使用 Hive 脚本进入 Hive 命令行,命令如下。

```
[root@master ~]# cd /usr/local/hive/bin/
[root@master bin]# hive
```

微课 4-4 任务实施

结果如图 4-1 所示。

图 4-1 进入 Hive 命令行

第二步：在 Hive 中创建一个名为"productdata"的数据库，命令如下。

hive> CREATE DATABASE productdata;

结果如图 4-2 所示。

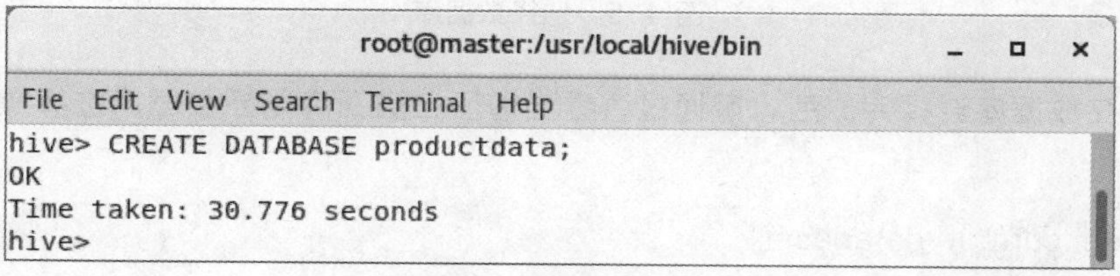

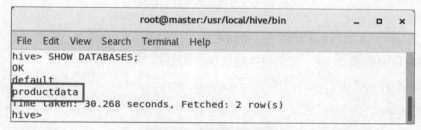

图 4-2　创建数据库

第三步：查看 Hive 中当前存在的所有数据库，通过观察返回的数据库名称验证数据库是否创建成功，命令如下。

hive> SHOW DATABASES;

结果如图 4-3 所示。

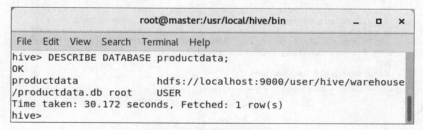

图 4-3　查看数据库名称

第四步：查看"productdata"数据库的详细信息，命令如下。

hive> DESCRIBE DATABASE productdata;

结果如图 4-4 所示。

图 4-4　查看数据库信息

第五步：选择名为"productdata"的数据库并使用，命令如下。

hive> USE productdata;

结果如图 4-5 所示。

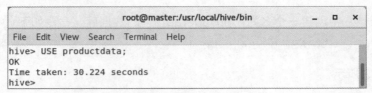

图 4-5 选择数据库

第六步：在数据库选择完成后，可通过查看当前所在数据库判断数据库选择操作是否执行成功，命令如下。

hive> select current_database();

结果如图 4-6 所示。

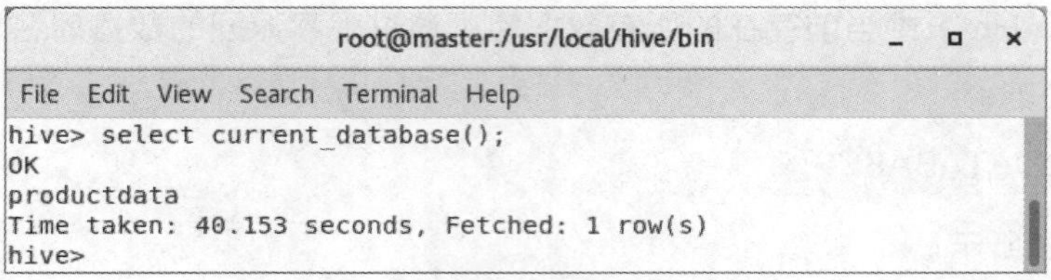

图 4-6 查看当前所在数据库

第七步：在 productdata 数据库下，创建名为"phone_comment"的数据表，设置数据类型、字段分隔符以及数据在 HDFS 中的存储路径，命令如下。

hive> CREATE EXTERNAL TABLE phone_comment(number string,cid string,GUID string, comment string,commenttime string,referenceID string,referencetime string,score int,nickname string,level string,ismobile string,platform string) ROW FORMAT DELIMITED FIELDS TERMINATED BY '\t' LOCATION '/Edata/comment';

结果如图 4-7 所示。

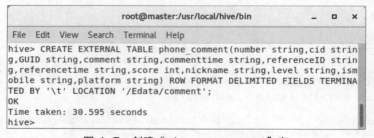

图 4-7 创建"phone_comment"表

第八步：创建名为"phone_list"的数据表，设置该表的数据类型、字段分隔符以及数据在 HDFS 中的存储路径等，命令如下。

hive> CREATE EXTERNAL TABLE phone_list(cname string,cid string,price int,comment string,store_name string,link_to_details string,self_operated_or_not string) ROW FORMAT DELIMITED FIELDS TERMINATED BY '\t' LOCATION '/Edata/list';

结果如图 4-8 所示。

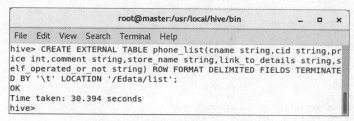

图 4-8　创建"phone_list"表

第九步：查看 productdata 数据库中当前存在的所有数据表，通过观察返回的数据表名称验证数据表是否创建成功，命令如下。

hive> SHOW TABLES;

结果如图 4-9 所示。

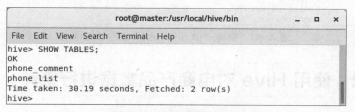

图 4-9　查看数据表名称

第十步：分别查看"phone_comment"和"phone_list"两个表的详细信息，命令如下。

hive> DESCRIBE FORMATTED phone_comment;

hive> DESCRIBE FORMATTED phone_list;

结果分别如图 4-10 和图 4-11 所示。

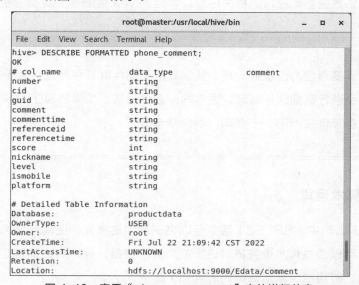

图 4-10　查看"phone_comment"表的详细信息

```
hive> DESCRIBE FORMATTED phone_list;
OK
# col_name              data_type               comment
cname                   string
cid                     string
price                   int
comment                 string
store_name              string
link_to_details         string
self_operated_or_not    string

# Detailed Table Information
Database:               productdata
OwnerType:              USER
Owner:                  root
CreateTime:             Fri Jul 22 21:12:12 CST 2022
LastAccessTime:         UNKNOWN
Retention:              0
Location:               hdfs://localhost:9000/Edata/list
Table Type:             EXTERNAL_TABLE
Table Parameters:
        EXTERNAL                TRUE
        bucketing_version       2
        numFiles                1
```

图 4-11 查看"phone_list"表的详细信息

任务 4-2 使用 Hive 对电商产品数据进行统计

任务描述

Hive 提供了强大的数据计算功能，用户可对指定的列进行数据计算，还可通过算术运算符和 Hive 内置的数学函数完成对列值的进一步统计，如计算列值的和、最大值和最小值等操作。本任务主要通过 Hive QL 数据查询命令实现 Hive 中数据的统计操作。在任务的实现过程中，帮助读者掌握算术运算符和数据查询语句的相关内容，学会 Hive QL 数据查询命令的使用。

素质拓展

灵活思考是培养变通能力的重要一环。要学会从不同角度看待问题，善于寻找问题的本质和规律。在使用 Hive 进行数据的查询时，面对同一查询任务，如果出现了问题，可以尝试通过别的方式来实现，如多表连接查询、子查询、条件查询等。

任务技能

技能点 1 算术运算

在 Hive 的查询语句中，SELECT 除了可以完成列的选择外，还具有强大的数据计算功能，可以通过算术运算符对选择的列进行数据计算，如计算列的最大值、最小值等。常用的算术运算符如表 4-11 所示。

微课 4-5 算术运算和数据查询

表 4-11　常用的算术运算符

运算符	描述
+	和
-	差
*	乘积
/	商
%	取余
&	按位与，转换为二进制后进行计算，只有当相应位上的数都是 1 时，该位才取 1，否则该位为 0
|	按位或，转换为二进制后进行计算，只要相应位上存在 1，那么该位就取 1，若相应位上不存在 1，则该位为 0
^	按位异或，转换为二进制后进行计算，只有当相应位上的数字不相同时，该位才取 1，否则该位为 0
~A	按位取反，转换成二进制后进行计算，0 变 1，1 变 0

技能点 2　数据查询

在 Hive 数据操作中，除了数据的导入导出操作外，还存在数据查询操作，Hive 的统计分析功能就是通过数据查询操作实现的。

1. 基础查询语句

Hive 数据查询语句与关系数据库中的数据查询语句基本相同，同样包含 SELECT 命令、FROM 命令。SELECT 命令用于检索表中的数据，FROM 命令用于选择数据表，基础查询语句语法格式如下。

```
SELECT <列名> FROM <表名>;
```

需要注意的是，要查询的列名中每个列之间使用","作为分隔符，如果需要查询全部的字段可使用符号"*"代表查询全部字段。

（1）表别名设置

在进行多表的关联查询时，为了明确表和列的所属关系，通常会为表设置别名，这时只需在表名称后直接加入表的别名，并在 SELECT 语句后通过"表别名.字段名"的方式进行字段的指定即可，语法格式如下。

```
SELECT 表别名.列 1,表别名.列 2... FROM <表名> <表别名>;
```

（2）列别名设置

在使用查询语句时，得到的结果是由新列组成的新关系，也就是计算结果在原始表中不存在，这时可以通过"as"给新产生的列设置一个名称，语法格式如下。

```
SELECT 列 1,列 2,(列 1+列 2) as 列别名 FROM <表名>;
```

（3）查询结果限制

在查询数据时，会将符合条件的全部结果返回给用户，当所得结果的数据规模较大时，显示全部结果会极大地浪费时间，影响分析效率。在 Hive 中，可以通过 LIMIT 语句限制结果的数量，语法格式如下。

SELECT 列 1,列 2,... FROM <表名> LIMIT n;

2. 条件查询语句

使用上述的"SELECT... FROM"语句只能进行整列数据的查询，为了筛选出更详细的数据，可以通过 WHERE 语句设置过滤条件，语法格式如下。

SELECT <列名> FROM <表名> WHERE 查询条件;

其中，查询条件主要通过谓词操作符组成的表达式进行设置，当计算结果为 True 时，相应的列值被保留并输出。在 Hive 中能够使用的谓词操作符如表 4-12 所示。

表 4-12　在 Hive 中能够使用的谓词操作符

操作符	描述
A=B	判断 A 是否等于 B，若 A 等于 B 则返回 TRUE，否则返回 FALSE
A<=>B	判断 A 和 B 是否都为 NULL，若都为 NULL 则返回 TRUE；如果任意一个为 NULL，返回 NULL
A<>B,A!=B	判断 A 与 B 是否不相等，不相等则返回 TRUE，否则返回 FALSE
A<B	判断 A 是否小于 B，若 A 小于 B 则返回 TRUE，否则返回 FALSE
A<=B	判断 A 是否小于或等于 B，若 A 小于或等于 B 则返回 TRUE，否则返回 FALSE
A>B	判断 A 是否大于 B，若 A 大于 B 则返回 TRUE，否则返回 FALSE
A>=B	判断 A 是否大于或等于 B，若 A 大于或等于 B 则返回 TRUE，否则返回 FALSE
A[NOT] BETWEEN B AND C	判断 A 的值是否大于或等于 B 且小于或等于 C，若是则结果为 TRUE，否则为 FALSE。如果使用 NOT 关键字则可以达到相反的效果
A IS NULL	判断 A 是否等于 NULL，若 A 等于 NULL 则返回 TRUE,否则返回 FALSE
A IS NOT NULL	判断 A 是否不等于 NULL，若 A 不等于 NULL 则返回 TRUE，否则返回 FALSE

当需要设置多个条件时，根据并列与否的关系，可以通过使用 AND 或 OR 设置并列条件以及或者条件。例如，获取列 1 中值大于 8 并且小于 16 的数据，命令如下。

SELECT 列 1,列 2,列 3 FROM <表名> WHERE 列 1>8 AND 列 1<16;

3. 分组语句

分组语句在 Hive 中非常重要，通过分组语句"GROUP BY"可以将一个或多个列包含的数据作为 key 进行分组，并将重复 key 合并，而重复 key 对应的数据则可以通过聚合函数进行统计操作，语法格式如下。

SELECT 列 1,sum(列 2)　FROM <表名> GROUP BY 列 1;

其中，sum()主要用于计算指定列的和，是 Hive 中较常用的一种聚合函数。除了 sum()之外，Hive 还具有多种用于其他计算的函数，常用的聚合函数如表 4-13 所示。

表 4-13　Hive 中常用的聚合函数

聚合函数	描述
count(*)	统计表中的总记录数
sum(col)	计算指定列数据的和
sum(DISTINCT col)	计算去重后指定列数据的和
avg(col)	计算指定列数据的平均值
avg(DISTINCT col)	计算去重后指定列数据的平均值
min(col)	计算指定列数据的最小值
max(col)	计算指定列数据的最大值
var_samp(col)	计算指定列数据的样本方差

在使用"GROUP BY"实现分组的统计后，可以通过添加"HAVING"子句设置条件进行分组后数据的过滤操作，语法格式如下。

SELECT 列 1,sum(列 2) FROM <表名> GROUP BY 列 1 HAVING sum(列 2) > 10;

4．关联查询

通过关联查询语句可以从多个表中进行数据的关联查询。关联查询常用的连接方式有内连接、左外连接、右外连接和满外（全外）连接等。关联查询命令如表 4-14 所示。

表 4-14　关联查询命令

命令	描述
JOIN	内连接
LEFT JOIN	左外连接
RIGHT JOIN	右外连接
FULL OUTER JOIN	满外连接

（1）内连接

内连接可通过"JOIN"命令实现，主要用于交集数据的查询，返回在两个表中都存在的数据，在连接的同时，可通过 ON 子句进行连接条件的定义，语法格式如下。

SELECT a.col,b.col FROM <表名> a JOIN <表名> b ON a.col=b.col;

其中，a 为第一个表的别名，b 为第二个表的别名，col 为指定的列。

（2）左外连接

左外连接以左表为主，将左表的所有数据与右表对应的数据进行连接，如果右表中没有与左表对应的数据时，会将数据值设置为"NULL"。左外连接可通过"LEFT JOIN"命令实现，语法格式如下。

SELECT a.col,b.col FROM <表名> a LEFT JOIN <表名> b ON a.col=b.col;

（3）右外连接

右外连接与左外连接基本相同，它以右表为主进行连接，如果左表中没有与右表对应的数据，会将数据值设置为"NULL"。右外连接可通过"RIGHT JOIN"命令实现，语法格式如下。

SELECT a.col,b.col FROM <表名> a RIGHT JOIN <表名> b ON a.col=b.col;

（4）满外连接

满外连接是指将两个表中的数据全部连接起来，如果没有对应的数据则显示为空。满外连接可通过"FULL OUTER JOIN"命令实现，语法格式如下。

SELECT a.col,b.col FROM <表名> a FULL OUTER JOIN <表名> b ON a.col=b.col;

5．排序查询

在 Hive 中数据的排序查询有两种方法，分别是 ORDER BY 语句和 SORT BY 语句。其中，ORDER BY 语句能够对所有数据进行全局排序，会将所有数据通过 Reducer 进行处理，当处理较大型的数据集时，这个 Reducer 过程会消耗大量时间。ORDER BY 语句的语法格式如下。

SELECT col1,col2 FROM <表名> ORDER BY col1;

而 SORT BY 语句在排序时，会启动多个 Reducer，单独对每个 Reducer 中的数据进行排序，这样能够做到每个 Reducer 输出的数据都是有序的，提高排序的效率。SORT BY 语句的语法格式如下。

SELECT col1,col2 FROM <表名> SORT BY col1;

任务实施

通过对 Hive 数据的查询操作，完成电商产品数据的统计分析。

第一步：查询"phone_comment"表中包含的所有数据并显示前 4 条，对数据表中是否存在数据进行验证，命令如下。

hive> SELECT * FROM phone_comment LIMIT 4;

微课 4-6　任务实施

结果如图 4-12 所示。

第二步：统计"phone_comment"表中包含的数据条数，命令如下。

hive> SELECT count(*) FROM phone_comment;

结果如图 4-13 所示。

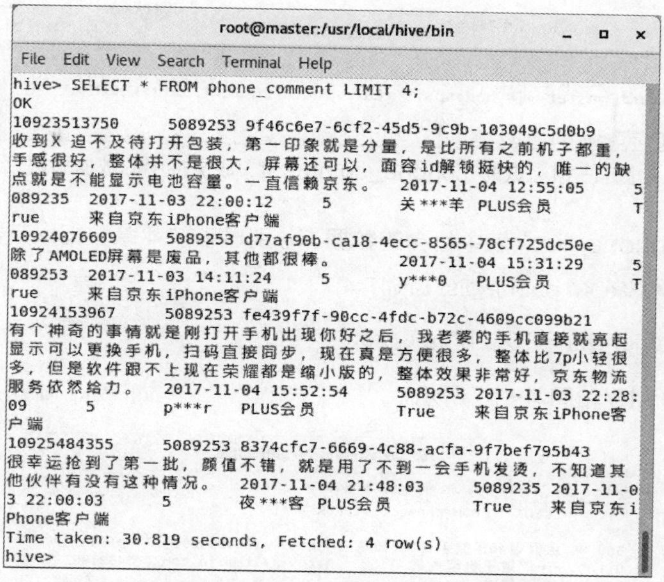

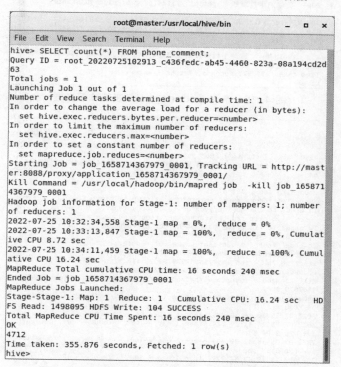

图 4-12　查询"phone_comment"表前 4 条数据

图 4-13　查询"phone_comment"表数据总数

第三步：打开另一命令提示符窗口，查询原数据文件中的数据总数，验证数据是否全部存储在 Hive 中，命令如下。

[root@master ~]# hadoop fs -cat /Edata/comment/part-00000|wc -l

结果如图 4-14 所示。

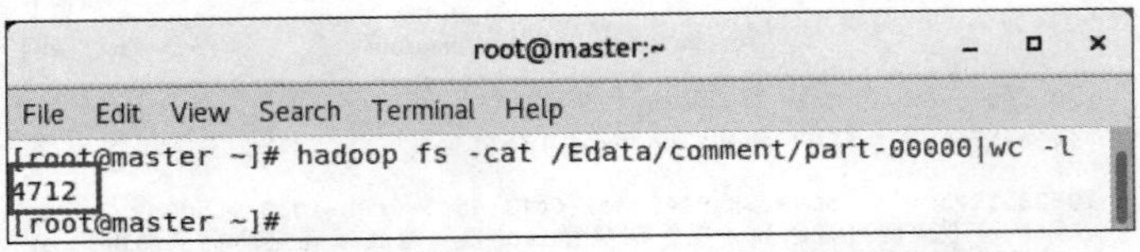

图 4-14 查询"phone_comment"原文件中的数据总数

第四步:查询"phone_list"表中包含的数据,分别显示前 4 条数据以及数据总数,命令如下。

hive> SELECT * FROM phone_list LIMIT 4;

hive> SELECT count(*) FROM phone_list;

结果分别如图 4-15 和图 4-16 所示。

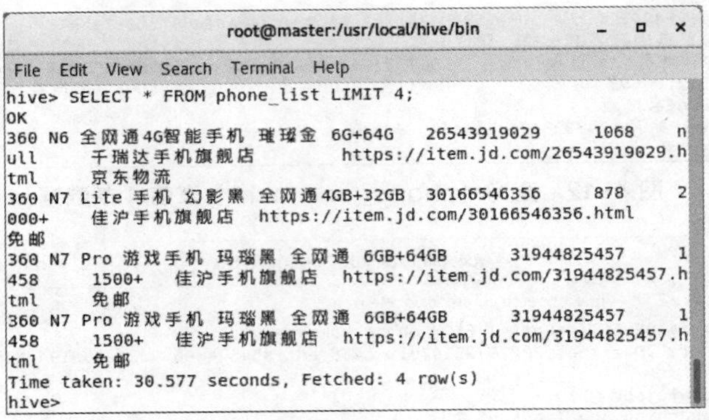

图 4-15 查询"phone_list"表前 4 条数据

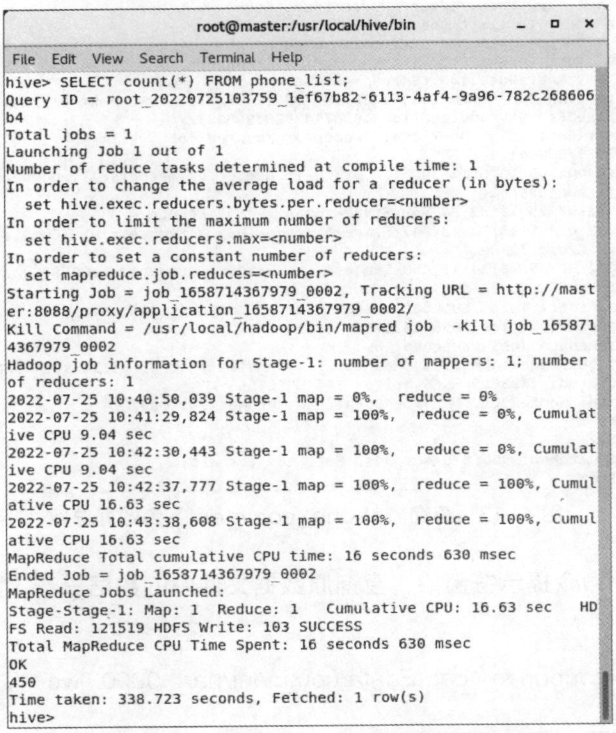

图 4-16 查询"phone_list"表数据总数

之后对数据数量进行验证，命令如下。

[root@master ~]# hadoop fs -cat /Edata/list/part-00000|wc -l

结果如图 4-17 所示。

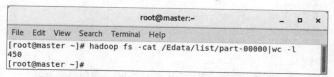

图 4-17　查询"phone_list"原文件中数据总数

第五步：在"phone_comment"表中，以 level 列作为 key 进行分组，统计顾客会员等级的分布，命令如下。

hive> CREATE TABLE phoneLevelSale AS SELECT level,count(*) AS count FROM phone_comment GROUP BY level;

结果如图 4-18 所示。

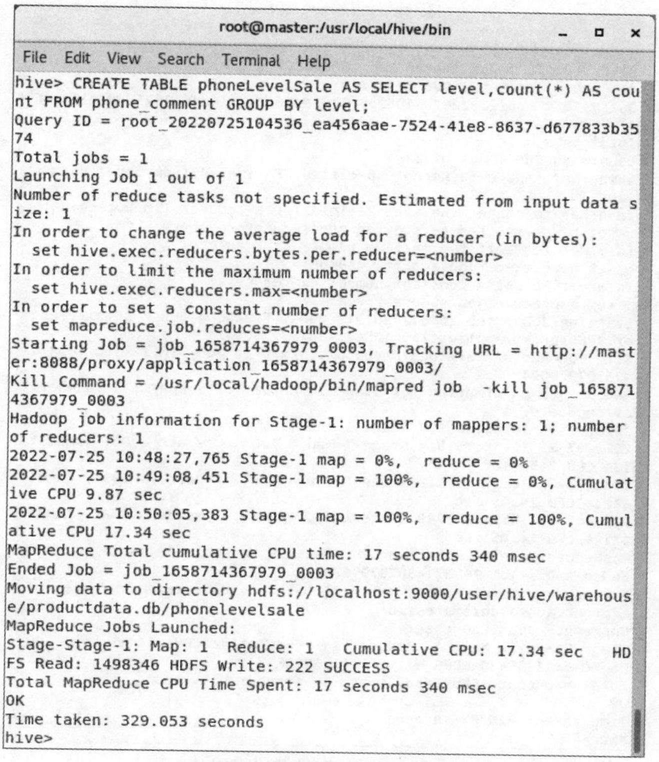

图 4-18　顾客会员等级统计

第六步：查询"phoneLevelSale"表包含的所有数据，命令如下。

hive> SELECT * FROM phoneLevelSale;

结果如图 4-19 所示。

```
root@master:/usr/local/hive/bin
File  Edit  View  Search  Terminal  Help
hive> SELECT * FROM phoneLevelSale;
OK
PLUS会员            2326
PLUS会员[试用]      57
企业会员            10
注册会员            176
金牌会员            623
钻石会员            634
铜牌会员            285
银牌会员            601
Time taken: 30.487 seconds, Fetched: 8 row(s)
hive>
```

图 4-19　查询“phoneLevelSale”表包含的数据

第七步：继续在“phone_comment”表中，以 score 列作为 key 进行分组，统计顾客的评分，命令如下。

```
hive> CREATE TABLE impression AS SELECT score,count(*) AS count FROM
phone_comment GROUP BY score;
```

结果如图 4-20 所示。

```
root@master:/usr/local/hive/bin
File  Edit  View  Search  Terminal  Help
hive> CREATE TABLE impression AS SELECT score,count(*) AS count F
ROM phone_comment GROUP BY score;
Query ID = root_20220725105255_1b82dc86-2c8f-4d66-9921-4d2c19ce46
f1
Total jobs = 1
Launching Job 1 out of 1
Number of reduce tasks not specified. Estimated from input data s
ize: 1
In order to change the average load for a reducer (in bytes):
  set hive.exec.reducers.bytes.per.reducer=<number>
In order to limit the maximum number of reducers:
  set hive.exec.reducers.max=<number>
In order to set a constant number of reducers:
  set mapreduce.job.reduces=<number>
Starting Job = job_1658714367979_0004, Tracking URL = http://mast
er:8088/proxy/application_1658714367979_0004/
Kill Command = /usr/local/hadoop/bin/mapred job  -kill job_165871
4367979_0004
Hadoop job information for Stage-1: number of mappers: 1; number
of reducers: 1
2022-07-25 10:55:46,397 Stage-1 map = 0%,  reduce = 0%
2022-07-25 10:56:25,014 Stage-1 map = 100%,  reduce = 0%, Cumulat
ive CPU 7.55 sec
2022-07-25 10:57:21,318 Stage-1 map = 100%,  reduce = 100%, Cumul
ative CPU 14.95 sec
2022-07-25 10:58:21,748 Stage-1 map = 100%,  reduce = 100%, Cumul
ative CPU 14.95 sec
MapReduce Total cumulative CPU time: 14 seconds 950 msec
Ended Job = job_1658714367979_0004
Moving data to directory hdfs://localhost:9000/user/hive/warehous
e/productdata.db/impression
MapReduce Jobs Launched:
Stage-Stage-1: Map: 1  Reduce: 1   Cumulative CPU: 14.95 sec   HD
FS Read: 1498448 HDFS Write: 105 SUCCESS
Total MapReduce CPU Time Spent: 14 seconds 950 msec
OK
Time taken: 328.08 seconds
hive>
```

图 4-20　顾客评分统计

第八步：查询“impression”表包含的数据，命令如下。

```
hive> SELECT * FROM impression;
```

结果如图 4-21 所示。

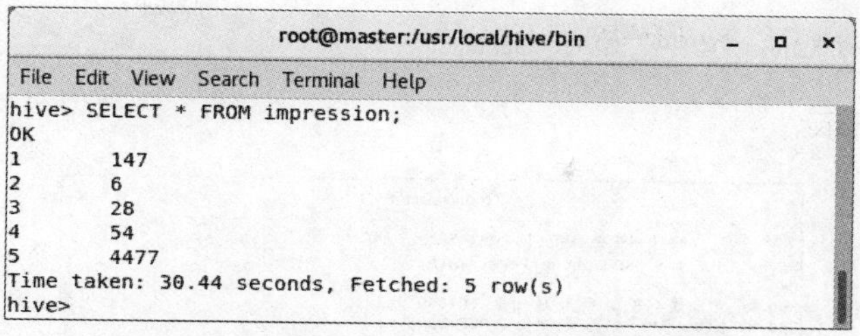

图 4-21　查询"impression"表包含的数据

第九步：关联"phone_comment"表和"phone_list"表，以产品名称作为 key 进行分组，统计产品的销量，命令如下。

hive> CREATE TABLE phone_level_sale AS SELECT phone_list.cname,count(*) AS sum_comment FROM phone_comment RIGHT JOIN phone_list ON phone_comment.cid= phone_list.cid GROUP BY phone_list.cname;

结果如图 4-22 所示。

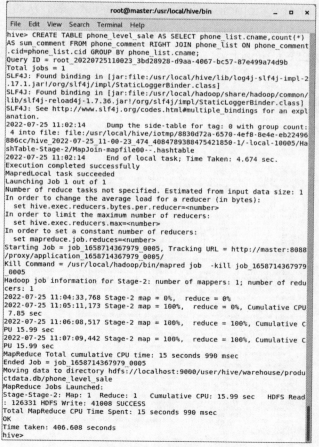

图 4-22　产品销量统计

第十步：查询"phone_level_sale"表包含的数据，命令如下。

```
hive> SELECT * FROM phone_level_sale;
```

结果如图 4-23 所示。

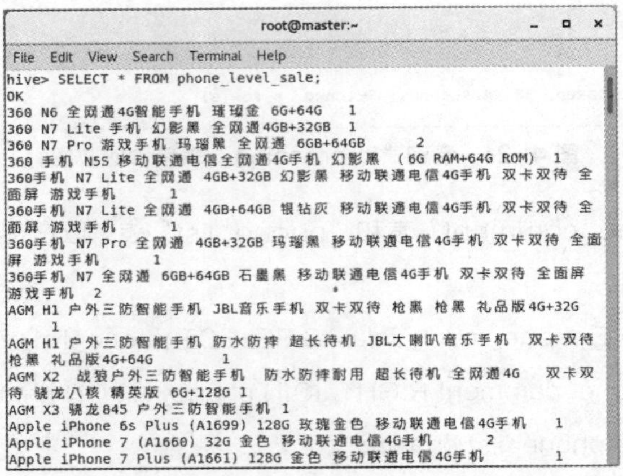

图 4-23　查询"phone_level_sale"表包含的数据

第十一步：关联"phone_comment"表和"phone_list"表，从时间中截取年份，并以年份作为 key 进行分组，统计各年度销售额，命令如下。

```
hive> CREATE TABLE turnover AS SELECT substr(phone_comment.commenttime,0,4) AS saledate,sum(phone_list.price) AS price FROM phone_comment JOIN phone_list ON phone_comment.cid=phone_list.cid GROUP BY substr(phone_comment.commenttime,0,4);
```

结果如图 4-24 所示。

图 4-24　各年度销售额统计

第十二步：查询"turnover"表包含的数据，命令如下。

```
hive> SELECT * FROM turnover;
```

结果如图 4-25 所示。

图 4-25　查询"turnover"表包含的数据

任务 4-3　使用 Spark 创建基于电商产品数据的分布式数据容器

任务描述

Spark SQL 是 Spark 处理结构化数据的一个组件，不仅提供了 DataFrame API，使用户可以对来自 RDD、Hive、HDFS 等途径的数据执行各种关系操作，也可以通过 Hive QL 对数据进行解析，将其翻译成 Spark 的 RDD（Resilient Distributed Dataset，弹性分布式数据集）来操作。本任务主要通过连接 Hive 并读取数据表中的数据完成 DataFrame 的创建。在任务实现过程中，帮助读者熟悉 Spark SQL 以及 DataFrame 的相关概念，掌握 DataFrame 的创建方法。

素质拓展

数字经济为全球经济发展增添了新动能，在第五届数字中国建设峰会上发布的报告显示，我国的数字经济规模稳居世界第二。党的十八大以来，以习近平同志为核心的党中央系统谋划、统筹推进数字中国建设，取得了显著成就。从 2017 年至 2021 年，我国数据产量从 2.3ZB 增加到 6.6ZB，位居世界第二。大数据产业规模从 4700 亿元增加到 1.3 万亿元，省级公共数据开放平台的有效数据集增加至近 25 万个。

任务技能

技能点 1　Spark SQL 简介

Spark 是由加州大学伯克利分校的 AMP 实验室基于内存开发的并行计算框架，主要用于实现大规模数据处理，是可以让熟悉关系数据库管理系统（Relational DataBase Management System，RDBMS）但又不理解 MapReduce 的技术人员的快速上手的工具。

微课 4-7　Spark SQL 简介

1. Spark SQL 简介

Spark SQL 是 Spark 中处理结构化数据的一个组件，其前身为 Shark，即 Hive on Spark，

基于 Hive 的性能以及与 Spark 的兼容而开发，是当时唯一运行在 Hadoop 上的 SQL-on-Hadoop 工具。随着技术的不断完善，Shark 对 Hive 的依赖不断加深，制约了 Spark 中各个组件的相互集成，因此辛湜（Reynold Xin）于 2014 年 6 月宣布停止 Shark 的开发，专注于 Spark SQL 项目。

Spark SQL 摒弃了原有 Shark 的代码，汲取了 Shark 的内存列存储（In-Memory Columnar Storage）、Hive 兼容性等特性并进行了代码的重新编译，摆脱了对 Hive 的依赖，在数据兼容、性能优化、组件扩展等方面的性能都得到了极大的提升。

2. Spark SQL 的优势

相对于 Shark，Spark SQL 在多方面进行了优化，如内存列存储、字节码生成技术、SQL 使用、统一数据访问等。

（1）内存列存储

在使用 Spark SQL 进行的数据存储中，表数据不使用原生态的行存储方式，而是通过内存列的方式进行存储，存储空间占用小，读取的吞吐率大。行存储与内存列存储如图 4-26 所示，左侧为行存储，右侧为内存列存储。

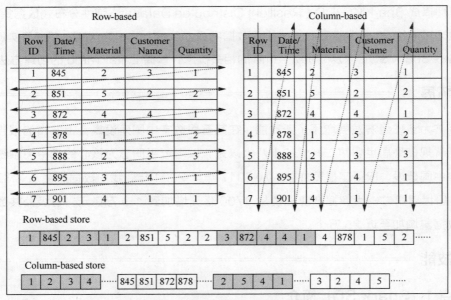

图 4-26　行存储与内存列存储

（2）字节码生成技术

Spark SQL 在执行指定的操作时，通过使用动态字节码生成技术，能够对匹配的表达式使用特定的代码动态编译并运行，不仅减少了代码的冗余，还实现了代码体积的压缩。

（3）SQL 使用

将 SQL 查询与 Spark 进行结合，不仅可以使用多种语言的 API 进行数据的操作，如 Java、

Scala、Python、R 等，还可以基于 Spark 引擎使用 SQL 语句对数据进行分析，而不需要编写程序代码。

（4）统一数据访问

Spark SQL 提供了多种数据源的访问方法，如 Hive、Parquet、JSON、CSV、JDBC 等，可以用相同方式连接到任何数据源。

3. Spark SQL 的执行流程

Spark SQL 语句在执行过程中会涉及 Projection、Data Source、Filter 等，与关系数据库 SQL 查询过程的 Result、Data Source、Operation 一一对应。Spark SQL 的执行流程如图 4-27 所示。

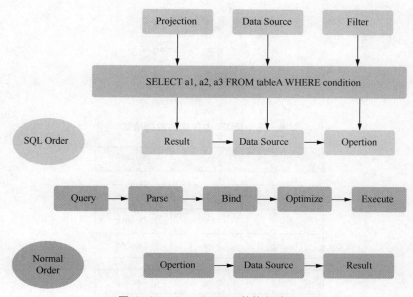

图 4-27 Spark SQL 的执行流程

通过图 4-27 可知，Spark SQL 语句的执行流程大致可以分为 4 个步骤，具体说明如下。

第一步：解析 SQL 语句，确定关键词（如 SELECT、FROM、WHERE 等）、表达式、Projection、Data Source 等内容，并对 SQL 语句是否规范进行判断。

第二步：判断 Projection 和 Data Source 等内容是否存在，如果存在说明当前 SQL 语句可以执行。

第三步：从数据库计划中选择最优的（Optimize）计划。

第四步：按 Operation→Data Source→Result 的次序来执行（Execute）计划，并返回结果。

技能点 2　DataFrame 简介

Spark 为 Spark SQL 提供了 DataFrame 抽象，主要用于实现数据的存

微课 4-8
DataFrame 简介及创建

储，Spark SQL 的数据统计分析就是基于这个抽象的 API 来实现的。

DataFrame 是 Spark SQL 的抽象编程模型，基于继承 RDD 的 SchemaRDD（存放 Row 对象的 RDD，每个 Row 对象代表一行记录）进阶而成，是一个分布式 Row 对象的数据集合，能够实现 RDD 的大部分功能。DataFrame 与 RDD 一样，能够根据内存情况自动进行缓存运算，与 RDD 本质的区别在于数据的存储格式：RDD 中所有数据为一个整体，每一行为一个数据样本，RDD 中存储的数据格式如图 4-28 所示；而 DataFrame 中的数据按列存储，同样是一行表示一个数据样本，其在 RDD 的基础上将数据分组并增加头部字段名称和类型，每一行都包含多个列，每一列都表示一类数据，使数据处理、分析更简单、快速，易用性提高，DataFrame 中存储的数据格式如图 4-29 所示。

图 4-28 RDD 中存储的数据格式

Name	Age	Height
String	Int	Double
String	Int	Double
String	Int	Double
String	Int	Double
String	Int	Double
String	Int	Double

图 4-29 DataFrame 中存储的数据格式

技能点 3 创建 DataFrame

在 Spark SQL 中，通过数据源的加载实现 DataFrame 的创建，例如 RDD、结构化的数据文件（如 JSON、CSV 等）、Hive 数据库表、外部数据库（如 MySQL、Oracle 等）等，以不同方式创建的 DataFrame 在转换时，方式也是不同的。

1. 基于 RDD 创建 DataFrame

在通过 RDD 实现 DataFrame 的创建时，需要通过 toDF() 方法进行转换，toDF() 方法可以通过接收以 "," 分隔的多个参数实现列名称的设置，语法格式如下。

RDD.toDF("第一列的列名称","第二列的列名称",...)

2. 加载结构化数据文件创建 DataFrame

Spark SQL 支持的结构化数据文件有文本文件、JSON 文件、CSV 文件、Parquet 文件等，可以通过 load() 方法加载存储在本地文件系统或 HDFS 中的结构化数据文件并转换为 DataFrame，语法格式如下。

SparkSession.read.format("文件格式").[.option("...")].load("HDFS 或本地文件路径")

（1）SparkSession 对象

SparkSession 为 Spark SQL 的入口对象，主要用于数据的加载、转换、处理等。根据使用环境的不同，SparkSession 对象有两种使用方式：当处于 Spark 的 Shell 或其他交互模式中时，会提供一个名为"spark"的默认 SparkSession 对象，直接使用即可；当处于 Spark 程序中时，则需要通过 SparkSession 对象的 builder 属性定义 Builder 构造器后，通过构造器提供的相关方法手动创建 SparkSession 对象。Builder 构造器方法如表 4-15 所示。

表 4-15　Builder 构造器方法

方法	描述
appName()	设置 Spark 应用程序的名称
config()	设置各种配置
master()	设置运行类型，参数值如下。 local：本地单线程运行； local[n]：指定内核个数； local[*]：本地多线程运行
getOrCreate()	获取或者新建一个 SparkSession

构造 SparkSession 对象语法格式如下。

//导入 SparkSession

from pyspark.sql import SparkSession

//实例化 SparkSession 对象

sparkSession = SparkSession.builder.appName("application 名称").config("各种配置").getOrCreate()

（2）format()

format() 方法主要用于文件类型的设置，通过不同的参数可以选择不同类型的加载文件，其常用参数值如表 4-16 所示。

表 4-16　format() 方法包含的常用参数值

参数值	描述
TEXT	文本文件
JSON	JSON 文件

续表

参数值	描述
CSV	CSV 文件
Parquet	Parquet 文件，默认文件格式

（3）load()

load()方法主要用于数据文件的加载，只需指定数据文件所在地址即可，默认情况下加载 HDFS 中的数据文件，可在路径之前加入"file://"指定为本地数据文件，语法格式如下。

```
//加载本地文件
SparkSession.read.format("TEXT").load("file:///usr/local/data.txt")
//加载 HDFS 文件
SparkSession.read.format("TEXT").load("/usr/local/data.txt")
```

（4）option()

option()方法主要用于加载 CSV 文件，当进行 DataFrame 的创建时，通过该方法的参数即可完成数据格式的设置，如显示第一列数据、设置分割符等，其常用参数如表 4-17 所示。

表 4-17　option()方法包含的常用参数

参数	默认值	描述
sep	,	设置单个字符作为每个字段和值的分隔符
encoding	UTF-8	根据给定的编码类型解码 CSV 文件
quote	"	设置用于转义引用值的单个字符，其中分隔符可以是值的一部分
escape	\	设置用于转义已引用值中引号的单个字符
comment	空字符串	设置用于跳过以该字符开头行的单个字符
header	false	是否使用第一行作为列的名称
inferSchema	false	是否尝试基于列值推断列类型
ignoreLeadingWhiteSpace	false	指示是否跳过正在读取的值中的前导空格
ignoreTrailingWhiteSpace	false	指示是否跳过正在读取的值中的尾部空格
nullValue	空字符串	设置 null 值的字符串表示形式
nanValue	NaN	设置非数字值的字符串表示形式
positiveInf	Inf	设置正无穷值的字符串表示形式
negativeInf	-Inf	设置负无穷值的字符串表示形式
dateFormat	yyyy-MM-dd	设置指示日期格式的字符串
timestampFormat	yyyy-MM-dd'T'HH:mm:ss.SSSXXX	设置指示时间戳格式的字符串
maxColumns	20480	定义一个记录可以有多少列的硬限制
maxCharsPerColumn	-1	定义允许读取任何给定值的最大字符数

（5）其他数据文件加载方法

除了将 format()方法和 load()方法相结合实现数据文件的加载并创建 DataFrame 外，Spark SQL 针对每种数据文件格式还提供了专用方法，如表 4-18 所示。

表 4-18　其他数据文件加载方法

方法	描述
text()	加载文本文件
csv()	加载 CSV 文件
json()	加载 JSON 文件
parquet()	加载 Parquet 文件
orc()	加载 ORC 文件

上述方法在使用时只需提供数据文件所在地址即可，语法格式如下。

SparkSession.read.text("file:///usr/local/data.txt")

3. 基于 Hive 数据表创建 DataFrame

针对 Hive 中的数据，SparkSession 对象提供了一个 sql()方法，可以连接 Hive 并读取数据表中的数据以创建 DataFrame。sql()方法可以接受 Hive 的常用命令，包括数据库命令、数据查询命令等，语法格式如下。

//连接 Hive 并使用数据库

SparkSession.sql("use 数据库名称")

//查询数据库数据并创建 DataFrame

SparkSession.sql("Hive 数据库操作语句")

另外，在进行 Hive 数据库操作语句的编写时，可通过 Spark 提供的用户自定义函数（User Define Function，UDF）完成指定列数据的自定义功能，如字段值内容的添加、字段值的过滤等。在 Spark SQL 中，可通过 SparkSession 对象的 udf 下的 register()方法利用 Python 语言原生的函数和 lambda 语法的支持实现函数的自定义，语法格式如下。

SparkSession.udf.register("函数名称",对应的函数)

完成函数的自定义后，即可在使用 sql()方法创建 DataFrame 时，通过"函数名称(参数)"的方式进行自定义函数的应用。例如：在查询"people"表以创建 DataFrame 时，在 name 列的内容前面添加"name:"，命令如下。

//注册 UDF

SparkSession.udf.register("addName",(x:String)=>"name:"+x)

//应用 UDF

SparkSession.sql("SELECT addName(name),age FROM people ")

4. 基于外部数据库创建 DataFrame

除了上述的几种方法外，Spark SQL 还可以通过 JDBC（Java DataBase Connectivity，Java 数据库连接）或 ODBC（Open DataBase Connectivity，开放式数据库连接）访问外部

数据库以创建 DataFrame，其同样需要使用 load()方法与 format()方法，其中 format()方法需要指定连接方式。另外，可通过 options()方法指定数据库的连接参数。基于外部数据库创建 DataFrame 的语法格式如下。

```
//数据库连接
变量名称="jdbc:mysql://主机 IP/数据库名称?useSSL=false"
//访问数据库生成 DataFrame
SparkSession.read.format("jdbc").options(
    Map("url"->url,
        "user"->"root",
        "password"->"123456",
        "dbtable"->"test"
    )
).load()
```

任务实施

根据所学的 Spark SQL 和 DataFrame 的相关知识，完成基于电商产品数据的处理与分析项目中的产品详情数据的分布式数据容器的创建。

第一步：打开命令提示符窗口，进入 Spark 安装目录的 bin 目录，通过 pyspark 进入 Python 的 Spark 命令行，命令如下。

微课 4-9　任务实施

```
[root@master ~]# cd /usr/local/spark/bin/
[root@master bin]# ./pyspark
```

结果如图 4-30 所示。

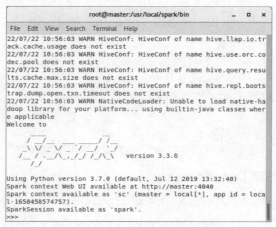

图 4-30　进入 Spark 命令行

第二步：从 pyspark 模块导入 SparkSession 并实例化 SparkSession 对象为"sparkSession"。命令如下。

>>> from pyspark.sql import SparkSession

>>> sparkSession = SparkSession.builder.appName("applicationName").getOrCreate()

结果如图 4-31 所示。

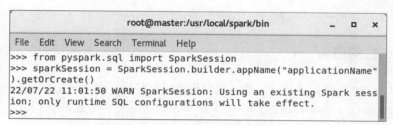

图 4-31　实例化 SparkSession 对象

第三步：通过将 sql()方法与 Hive 数据查询语句相结合，从 productdata 数据库的 "phone_list" 和 "phone_comment" 数据表获取全部数据以创建 DataFrame，并分别命名为 "PhoneList" 和 "PhoneComment"，命令如下。

>>> sparkSession.sql("USE productdata")

>>> PhoneList=sparkSession.sql("select * from phone_list")

>>> PhoneComment=sparkSession.sql("select * from phone_comment")

结果如图 4-32 所示。

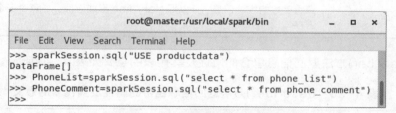

图 4-32　Hive 表创建 DataFrame

任务 4-4　使用 Spark SQL 完成电商产品数据分析

任务描述

DataFrame 的工作机制是不可变的并且是延迟计算的，不能直接改变 DataFrame 中的数据，必须将其转换为另一个 DataFrame 之后才能进行相关的数据操作。本任务主要完成 DataFrame 中数据的分析。在任务实现过程中，帮助读者熟悉 DataFrame 数据操作的相关概念，掌握 DataFrame 数据操作方法。

素质拓展

随着大数据的应用普及，新时代赋予了大数据更重要的社会责任。《"十四五"大数据产业发展规划》提出，大数据发展的主要任务是加快培育数据要素市场、夯实产业发展基础、构建稳定高效的产业链、打造繁荣有序的产业生态。

任务技能

技能点 1　数据查看

在完成 DataFrame 的创建后，可通过数据查看进行验证。Spark SQL 提供了多种数据查看方法，包含数据展示、数据统计信息查看等，常用的数据查看方法如表 4-19 所示。

微课 4-10
DataFrame 数据
相关操作

表 4-19　常用的数据查看方法

方法	描述
show(n)	数据展示，无参数时，默认显示前 20 行数据
first()	展示第一行数据
head(n)	展示前 n 行数据，当参数为空时，表示展示第一行数据
take(n)	展示前 n 行数据，并以 List 形式显示
collect()	获取全部数据，并以 List 形式显示
describe()	查看字段的统计信息，并以 DataFrame 形式返回，当查看多个字段时通过 "," 连接

其中，describe()方法返回信息包含的属性及其代表的意义如表 4-20 所示。

表 4-20　describe()方法返回信息包含的属性及其代表的意义

属性	描述
count	数据总条数
mean	列数据的平均值
stddev	列数据的标准差
min	列数据的最小值，当数据为 Int 类型时，统计最小值；当数据为 String 类型时，统计字符数最少的内容
max	列数据的最大值，当数据为 Int 类型时，统计最大值；当为 String 类型时，统计字符数最多的内容

DataFrame 常用的数据查看方法的语法格式如下。

DataFrame.方法名称()

技能点 2　数据过滤

Spark SQL 提供了多种数据过滤方法，可以从海量的数据中查找符合条件的数据，常用的数据过滤方法如表 4-21 所示。

表 4-21　Spark SQL 常用的数据过滤方法

方法	描述
where() / filter()	表达式过滤
select()	字段过滤

其中，where() 方法和 filter() 方法可以通过设置条件表达式过滤数据，并以 DataFrame 对象形式返回所有符合条件的整条数据。当设置多个条件时，需要使用 "or" 或 "and"，其具体作用如表 4-22 所示。

表 4-22　"or" 和 "and" 的具体作用

名称	描述
or	表示"或"，只需符合任意一个条件
and	表示"与"，需要符合所有条件

select() 方法通过指定字段获取整个字段值，并以 DataFrame 对象形式返回所有符合条件的整条数据，当获取多个字段时，使用 "," 连接。

DataFrame 常用的数据过滤方法的语法格式如下。

DataFrame.方法名称()

技能点 3　数据处理

在 Spark SQL 中，除了数据的查看与过滤，还提供了数据的处理操作，包括数据的修改、排序、分组统计、去重、删除等，常用的数据处理方法如表 4-23 所示。

表 4-23　Spark SQL 常用的数据处理方法

方法	描述
selectExpr()	对指定字段执行自定义操作，如重命名字段名称、字段值计算、查看指定字段值等，并以 DataFrame 对象格式返回数据，多个操作之间使用 "," 连接
drop()	删除指定字段，并以 DataFrame 对象格式返回，一次只能删除一个字段
orderBy()	对指定的数值型字段排序，并以 DataFrame 对象格式返回
groupBy()	根据指定字段的值分组，并以 DataFrame 对象格式返回
distinct()	对所有字段值都相同的数据去重，并以 DataFrame 对象格式返回
dropDuplicates()	对指定字段的数据去重，并以 DataFrame 对象格式返回；当不指定字段时，功能与 distinct() 方法相同

续表

方法	描述
agg()	对数据进行聚合操作，并以 DataFrame 对象格式返回
withColumn()	向 DataFrame 中添加新的列，并以 DataFrame 对象格式返回
join()	连接两个 DataFrame 数据，并以 DataFrame 对象格式返回

（1）orderBy()方法

orderBy()方法在进行升序排列时，只需传入字段名称即可，但在进行降序排列时，还需通过"-"或 desc 属性/方法实现，语法格式如下。

DataFrame.orderBy("字段名称",ascending=0)

（2）groupBy()方法

groupBy()方法在完成分组操作后都会进行统计操作，并将统计后的结果添加到分组后的返回结果中。常用的分组统计方法如表 4-24 所示。

表 4-24 常用的分组统计方法

方法	描述
max()	获取分组中元素的最大值
min()	获取分组中元素的最小值
mean()	获取分组中元素的平均值
sum()	获取分组中元素的和
count()	获取分组中元素的个数

groupBy()方法的语法格式如下。

DataFrame.groupBy().方法名称()

（3）agg()方法

agg()方法在对 DataFrame 中的数据进行聚合操作时，既可以与 groupBy()方法结合使用，也可以单独使用以对数据进行统计操作。agg()方法包含的常用聚合操作如表 4-25 所示。

表 4-25 agg()方法包含的常用聚合操作

聚合操作	描述
max	统计数值型字段中的最大值，只能作用于数值型的字段值
min	统计数值型字段中的最小值，只能作用于数值型的字段值
mean	统计数值型字段中的平均值，只能作用于数值型的字段值
sum	统计数值型字段中所有数值的和，只能作用于数值型的字段值
count	统计指定字段中的数据个数

agg()方法的语法格式如下。

```
//单独使用时
DataFrame 名称.agg({"字段名称":"聚合操作"})
//操作多个字段时，使用","连接
DataFrame 名称.agg({"字段名称":"聚合操作","字段名称":"聚合操作"})
//与 groupBy()方法结合使用
DataFrame 名称.groupBy("字段名称").agg({"字段名称":"聚合操作"})
```

（4）join()方法

join()方法用于将两个 DataFrame 基于指定的连接类型进行连接。连接类型的参数值如表 4-26 所示。

表 4-26　连接类型的参数值

参数值	描述
inner	内连接，默认连接类型
outer	外连接
left_outer	左外连接
right_outer	右外连接

根据字段个数的不同，join()方法在使用时有两种方式，分别是单字段连接方式和多字段连接方式。使用 join()方法的语法格式如下。

```
// 单字段连接方式
DataFrame.join(DataFrame1,"字段名称",连接类型)
// 多字段连接方式
DataFrame.join(DataFrame1,Seq("字段名称","字段名称 1"),连接类型)
```

技能点 4　数据存储

为了满足后续的需求，还需将经过分析后的数据进行保存。Spark SQL 提供了 save()方法，可以将 DataFrame 中的内容保存到本地文件系统、HDFS、Hive 或 MySQL 中，语法格式如下。

```
DataFrame.write.format(source).mode(saveMode).option(key,value)/options(key=value).save(path)
```

其中，format()方法用于指定要保存数据的格式。format()方法包含的参数如表 4-27 所示。

表 4-27 format()方法包含的参数

参数	描述
hive	Hive 数据表格式
parquet	Parquet 格式，默认格式
orc	ORC 格式
json	JSON 格式
csv	CSV 格式
text	文本格式
jdbc	关系数据库格式

mode()方法用于设置数据的存储模式，常用参数如表 4-28 所示。

表 4-28 mode()方法常用参数

参数	描述
append	向已有数据文件或者数据表中追加写入数据，需保证数据列名一致
overwrite	覆盖写入数据，如果数据表已经存在，则会先删除原数据表再创建新表，之后将数据写入
error or errorifexists	如果数据已经存在则会报错
ignore	如果数据已经存在则忽略本次操作

option()方法或者 options()方法则用于以 key-value 形式指定数据存储时的参数，如存储至 CSV 文件时携带表头、存储至 MySQL 时设置数据库连接参数等。其中，option()方法一次只能指定一个参数，可以通过多个 option()方法指定多个参数，语法格式如下。

DataFrame.write.format(source).mode(saveMode).option(key,value).option(key,value).save(path)

而 options()方法则可以通过多个"key=value"形式的值指定多个参数，语法格式如下。

DataFrame.write.format(source).mode(saveMode).options(key=value,key=value,...).save(path)

需要注意的是，在将数据存储至 Hive 时，需要使用 saveAsTable()方法，并且在设置 format() 参数时使用 Hive 或 ORC；在设置 mode()参数时，则通常使用 overwrite，每次写入数据前，会自动删除原表，然后依据新的数据列创建一个新表，并将数据写入，可以保证数据不重复，语法格式如下。

DataFrame.write.format("hive/orc").mode("overwrite").saveAsTable("tableName")

任务实施

通过对 Spark SQL 中 DataFrame 相关操作的学习，基于处理与分析后的电商产品详情数据进行统计分析。

第一步：使用 show()方法查看 DataFrame 中包含的全部数据，命令如下。

微课 4-11 任务实施

```
>>> PhoneList.show()
```

```
>>> PhoneComment.show()
```

结果分别如图 4-33 和图 4-34 所示。

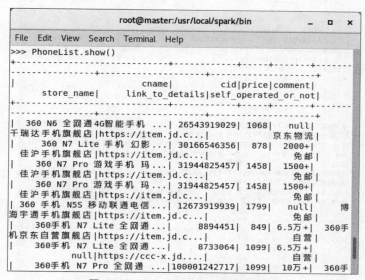

图 4-33 PhoneList 中包含的数据

图 4-34 PhoneComment 中包含的数据

第二步：通过商品 ID 将 PhoneComment 和 PhoneList 连接起来，之后查看前两条数据，命令如下。

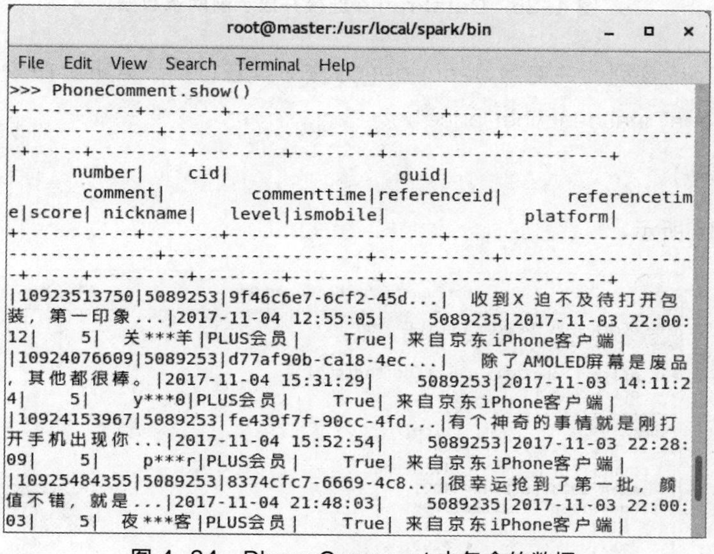

```
>>> PhoneTotal=PhoneComment.join(PhoneList,"cid")
```

```
>>> PhoneTotal.show(2)
```

结果如图 4-35 所示。

```
root@master:/usr/local/spark/bin
File  Edit  View  Search  Terminal  Help
>>> PhoneTotal=PhoneComment.join(PhoneList,"cid")
>>> PhoneTotal.show(2)
+-------+-----------+--------------------+------------------------------
-----------+--------------------+-------------------+------------------+
-----+--------+-------+--------------------+--------------------+-------
--------+-----+-------+-----------------------------+------------------
---+--------------------+
|    cid|     number|                guid|
   comment|        commenttime|referenceid|          referencetime|
score|nickname|   level|ismobile|              platform|
   cname|price|comment|              store_name|       link_to_deta
ils|self_operated_or_not|
+-------+-----------+--------------------+------------------------------
-----------+--------------------+-------------------+------------------+
-----+--------+-------+--------------------+--------------------+-------
--------+-----+-------+-----------------------------+------------------
---+--------------------+
|5089253|10923513750|9f46c6e7-6cf2-45d...|收到X 迫不及待打开包装
，第一印象...|2017-11-04 12:55:05|    5089235|2017-11-03 22:00:12
|    5| 关***羊|PLUS会员|      True|来自京东iPhone客户端|Apple iPho
ne X (A...| 6299| 125万+|Apple产品京东自营旗舰店|https://item.jd.
c...|              自营|
|5089253|10924076609|d77af90b-ca18-4ec...| 除了AMOLED屏幕是废品，
其他都很棒。|2017-11-04 15:31:29|    5089253|2017-11-03 14:11:24|
   5|  y***0|PLUS会员|     True|来自京东iPhone客户端|Apple iPhon
e X (A...| 6299| 125万+|Apple产品京东自营旗舰店|https://item.jd.c
...|              自营|
+-------+-----------+--------------------+------------------------------
-----------+--------------------+-------------------+------------------+
-----+--------+-------+--------------------+--------------------+-------
--------+-----+-------+-----------------------------+------------------
---+--------------------+
only showing top 2 rows

>>>
```

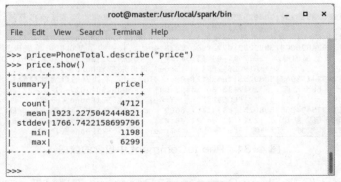

图 4-35　DataFrame 连接并显示前两条数据

第三步：获取 price 列，并使用 describe()方法对其进行统计分析，命令如下。

```
>>> price=PhoneTotal.describe("price")
>>> price.show()
```

结果如图 4-36 所示。

```
root@master:/usr/local/spark/bin
File  Edit  View  Search  Terminal  Help
>>> price=PhoneTotal.describe("price")
>>> price.show()
+-------+------------------+
|summary|             price|
+-------+------------------+
|  count|              4712|
|   mean|1923.2275042444821|
| stddev|1766.7422158699796|
|    min|              1198|
|    max|              6299|
+-------+------------------+

>>>
```

图 4-36　对售价进行统计

第四步：以商品 ID 和商品名称进行分组，之后统计出商品的平均评分以及销量，命令如下。

```
>>> meancount=PhoneTotal.groupBy("cid","cname").agg({"score":"mean","cid":"count"})
>>> meancount.show()
```

结果如图 4-37 所示。

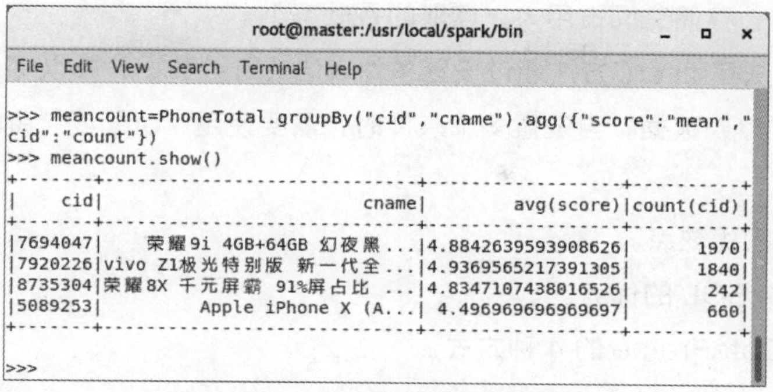

图 4-37　商品平均评分和销量统计

项目小结

本项目通过实现大数据离线分析，帮助读者对 Hive 和 Spark SQL 的相关概念进行初步了解，掌握 Hive QL 和 Spark SQL 的使用方法，并能够通过所学知识实现海量数据的离线分析。

课后习题

1. 选择题

（1）join()方法在进行两个 DataFrame 的连接时，可以指定（　　）种连接类型。
　　A. 1　　　　　　　　B. 2　　　　　　　　C. 3　　　　　　　　D. 4

（2）下列命令中，用于查看数据库名称的是（　　）。
　　A. CREATE DATABASE　　　　　　B. SHOW DATABASES
　　C. DESCRIBE DATABASE　　　　　D. USE

（3）以下关联查询命令表示内连接的是（　　）。
　　A. JOIN　　　　　B. LEFT JOIN　　　C. RIGHT JOIN　　　D. FULL OUTER JOIN

（4）Spark SQL 的语句在执行过程中会涉及（　　）个部分。
　　A. 1　　　　　　　　B. 2　　　　　　　　C. 3　　　　　　　　D. 4

（5）下列方法中，（　　）方法不适用于数据过滤。
　　A. selectExpr()　　B. where()　　　　C. filter()　　　　D. select()

2. 判断题

（1）Hive 不支持记录级别的增删改操作，但用户可通过查询生成新表或将查询结果保存到文件中。（　　）

（2）Hive 数据导入是指将本地数据或 HDFS 数据导入 Hive 表。（　　）

（3）在使用"GROUP BY"实现分组的统计后，可以通过添加"HAVING"子句设置条件进行分组后数据的过滤操作。（　　）

（4）在使用 Spark SQL 进行数据存储时，表数据不使用原生态的行存储方式，而是通过内存列的方式进行存储，存储空间占用大，读取的吞吐率小。　　　　　　　　　　（　　）

（5）where()方法和 filter()方法通过设置条件表达式过滤数据，并以 DataFrame 对象形式返回所有符合条件的整条数据，当设置多个条件时，需要使用"or"或"and"。　　　　（　　）

3．简答题

（1）简述 Hive 的优缺点。

（2）简述 Spark SQL 的优势。

（3）列举创建 DataFrame 的 4 种方式。

自我评价

查看自己通过学习本项目是否掌握了以下技能，在表 4-29 中标出相应的掌握程度。

表 4-29　技能检测表

评价标准	个人评价	小组评价	教师评价
具备使用 Hive QL 进行数据操作的能力			
具备使用 Hive QL 进行数据统计的能力			
具备使用不同方式创建 DataFrame 的能力			
具备使用 Spark SQL 分析数据的能力			

备注：A．具备　　B．基本具备　　C．部分具备　　D．不具备

项目5
电商产品数据实时分析

项目导言

经过前面几个项目的学习,我们已经完成了电商产品数据的离线分析,数据离线分析的优点在于能够处理较大规模的数据,但缺点是处理速度慢。为了解决这一问题,可以进行实时数据分析。实时数据分析的数据时效性强,可以做到秒级或者毫秒级延迟。在电商行业,实时数据分析可以实现对销量、销售额等信息进行实时的监控以帮助决策。本项目主要通过 Spark Streaming 实现电商产品数据实时分析。

微课 5-1 项目导言及学习目标

项目导图

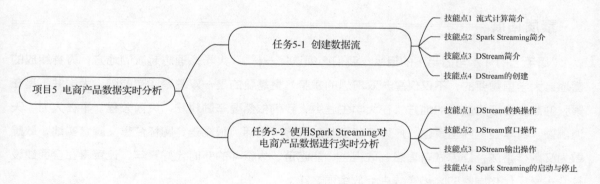

知识目标

- ➢ 了解流式计算的特征及优点。
- ➢ 熟悉 Spark Streaming 的架构。
- ➢ 掌握 DStream 的创建操作。
- ➢ 掌握 DStream 的转化操作。

技能目标

- ➢ 能够使用不同数据源创建 DStream。

- 能够对数据进行转换操作。
- 能够实现数据实时分析。

素养目标

- 通过学习流式计算，体会不同数据处理模式的区别，培养保持创新的意识。
- 通过学习 Dstream 的转化操作，培养逆向思维能力。

任务 5-1　创建数据流

任务描述

在传统的数据处理流程中，需要事先收集数据并保存到数据库中，在需要时通过查询获取，但这种方式会造成结果滞后，尤其在对时效要求较高的场景中并不能很好地解决问题，所以引出了一个新的数据计算模式——流计算。流计算能够很好地对大规模流动数据进行实时分析。本任务主要通过 pyspark 基于不同的数据源创建数据流，在任务的实现过程中，帮助读者了解流式计算的特征及优点、Spark Streaming 的架构、DStream 离散数据流以及 DStream 的创建方法等知识，掌握数据流的创建。

素质拓展

"眉毛上的汗水与眉毛下的泪水，我们必须选择一样。"大学是理想起航的地方、青春绽放的营地。大学里需要的，不仅仅是一双幻想的翅膀，更需要的是一双踏踏实实的脚。大学并不是在紧张的高中生活后放松的地方，在大学生涯中，我们依然要辛勤耕耘，风雨兼程。事在人为，天道酬勤。青年强，则国家强，广大青年要坚定不移听党话、跟党走，胸怀梦想又脚踏实地，敢想敢为又善作善成，立志做有理想、敢担当、能吃苦、肯奋斗的新时代好青年，让青春在全面建设社会主义现代化国家的火热实践中绽放绚丽之花。

任务技能

技能点 1　流式计算简介

在大数据领域，计算模式可分为批量计算（Batch Computing）、流式计算（Stream Computing）、交互计算（Interactive Computing）、图计算（Graph Computing）等。其中流式计算在大数据的应用场景中非常常见。流式计算由两个部分组成，分别是流数据和流计算。流数据是指在时间分布和数量上无限的一系列动态数据的集合，这种数据的价值会随着时间的推移而降低，所以需要

微课 5-2　流式计算简介

对其进行实时的数据分析并且做出毫秒级别的快速响应，否则会失去数据原本存在的意义。流数据具有的特征如下。

- 数据流动速度快且持续。
- 数据源较多，且数据格式复杂。
- 数据量大，一旦经过处理，要么被丢弃，要么被归档存储于数据库。
- 注重数据的整体价值，不过分关注个别数据。
- 数据顺序颠倒，或者不完整，系统无法控制将要处理的新到达的数据元素的顺序。

流式计算是指对流数据进行处理的实时计算。为了及时处理流数据，流计算系统需要具备以下几个要求，具体如下。

- 高性能：处理数据速度快，如每秒处理几十万条数据。
- 海量式：数据处理规模达到 TB 级甚至 PB 级。
- 实时性：延迟时间在秒级别，甚至毫秒级别。
- 分布式：支持大数据的基本架构，必须能够平滑扩展。
- 易用性：能够快速进行开发和部署。
- 可靠性：能够可靠地处理流数据。

市场上有很多流计算框架，可以分为 3 类：商业级的流式计算平台、开源流计算框架、公司为支持自身业务开发的流计算框架，具体举例说明如下。

（1）商业级的流式计算平台

IBM InfoSphere Streams 是 IBM 公司开发的业内先进的流式计算软件，支持开发和执行对流数据中的信息进行处理的应用程序。InfoSphere Streams 支持连续且快速地分析流数据。IBM 公司图标如图 5-1 所示。

（2）开源流计算框架

Spark Streaming 是 Spark 体系中的一个流式处理框架，可以实现高吞吐量的、具备容错机制的实时流数据的处理。Spark Streaming 图标如图 5-2 所示。

图 5-1　IBM 公司图标

图 5-2　Spark Streaming 图标

（3）公司为支持自身业务开发的流计算框架

Facebook Puma 是 Facebook（现已更名为 Meta）公司的实时数据处理分析框架，使用 Puma 和 HBase 相结合来处理实时数据。Meta 图标如图 5-3 所示。

图 5-3　Meta 图标

技能点 2　Spark Streaming 简介

微课 5-3　Spark Streaming 简介

Spark Streaming 是 Spark 中的分布式流处理框架,能够通过指定的时间间隔对数据进行处理,其最小时间间隔可达到 500ms。Spark Streaming 支持多种数据源,如 Kafka、Flume、ZeroMQ 等。从数据源获取数据之后,可以使用诸如 map()、reduce()、join()和 window()等高级函数进行复杂算法的处理,最后还可以将处理结果存储到文件系统、数据库等。另外 Spark Streaming 也能和 MLlib 以及 GraphX 完美融合。此外,Spark Streaming 还具有以下优点。

- 支持 Java、Scala、Python 等多种语言来实现应用程序的开发。
- 吞吐量高,容错能力强。
- 集成批处理和流处理。

Spark Streaming 处理的数据流图如图 5-4 所示。

图 5-4　Spark Streaming 处理的数据流图

1. Spark Streaming 数据处理流程

Spark 的实时数据处理是基于离线数据实现的,Spark Streaming 的数据处理方式与 Strom 不同,Strom 实时数据处理是生成一条数据处理一条数据,Spark Streaming 是在对接外部数据流后按照时间间隔将数据划分为 batch(小批次数据流)供后续 Spark Engine 处理,所以实际上 Spark Streaming 是按一个个 batch 来处理数据流的。Spark Streaming 数据处理流程如图 5-5 所示。

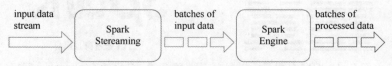

图 5-5　Spark Streaming 数据处理流程

2. Spark Streaming 的应用场景

在 Spark Streaming 中,有无状态操作、有状态操作和窗口操作 3 种应用场景,具体说明如下。

（1）无状态操作

针对当前时间间隔内新生成的小批次数据，所有计算都只是基于这个批次的数据进行的。以某电商产品数据的处理与分析为例，若设置当前数据处理的时间间隔为 1 天，那么所有的数据处理行为就是基于当天的数据进行的，能够统计当天的销售额、销售量等指标。无状态操作主要用于对数据的实时处理，所以批次的时间间隔非常短，可以是几秒甚至 1 秒，而不是 1 天。

（2）有状态操作

有状态操作是指除需要当前生成的小批次数据外，还需要使用所有的历史数据，新生成的数据与历史数据合并成一份流水表的全量数据，然后对这一全量数据进行操作。

（3）窗口操作

Spark Streaming 支持窗口计算以及在一个滑动窗口上进行数据的转换操作。窗口操作示意图如图 5-6 所示。

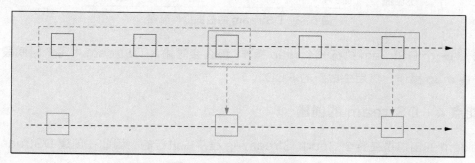

图 5-6　窗口操作示意图

在图 5-6 中，实线表示窗口当前的滑动位置，虚线表示窗口前一次的滑动位置，窗口每滑动一次，当前窗口中的 DStream 包含的数据就会被处理一次并生成一个新的窗口 DStream（windowed DStream）。窗口操作需要设置如下两个参数。

- 窗口长度（window length），窗口可以使用的时间，图 5-6 中的窗口长度为 3。
- 滑动间隔（sliding interval），窗口操作被执行的间隔时间，图 5-6 中的滑动间隔为 2。

技能点 3　DStream 简介

Spark Streaming 中引入了一个新的概念 DStream（Discretized Stream，离散化数据流），DStream 表示一个连续不间断的数据流，是随时间推移而收到的数据序列。在数据流内部，每个时间区间收到的数据都作为 RDD 存在，而 DStream 就是由这些 RDD 所组成的序列。DStream 数据可通过外部输入源获取，如 FLume、Kafka、Kinesis 等，也可以通过现有的 DStream 的 transformation 操作来获得，如使用 map()、reduce()、window() 等函数。

微课 5-4
DStream 简介及创建

DStream 主要由一组在时间序列上连续的 RDD 组成，而每个 RDD 都包含了一个时间段内的数据，如图 5-7 所示。

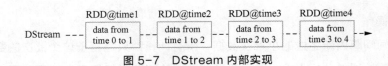

图 5-7　DStream 内部实现

因此，DStream 中数据的相关操作实际上就是对 DStream 内部的 RDD 进行的，通过设置时间，每隔一段时间就会对 RDD 进行操作并生成作为新的 DStream 中该时间段的 RDD，在经过一系列操作后，可以将计算结果存储到外部文件系统中，包括本地文件、HDFS、数据库等。DStream 的数据操作流程如图 5-8 所示。

图 5-8　DStream 的数据操作流程

例如，对一个 DStream 执行一个 map 操作，那么会对输入 DStream 中每个时间段的 RDD 都应用一遍 map 操作，然后生成新的 RDD。

技能点 4　DStream 的创建

DStream 的创建是在整个 Spark Streaming 程序中进行的，因此在创建 DStream 之前需要创建 Spark Streaming 对象，通过 Spark Streaming 对象创建 DStream。

当创建 Spark Streaming 时，需要指定 SparkContext 实例和处理数据的时间间隔两个参数，在使用 pyspark 命令行创建 Spark Streaming 时，程序会默认创建一个 SparkContext 程序，并配置实例名为 sc，可直接使用。若在一个程序中需要自行创建 SparkContext 实例，SparkContext 的创建语法如下。

```
from pyspark import SparkContext
sc = SparkContext(master, appName)
```

SparkContext 参数说明如表 5-1 所示。

表 5-1　SparkContext 参数说明

参数	描述
master	Spark、Mesos 或 YARN 集群 URL，或者是在本地模式下运行的特殊 "local[*]" 字符串
appName	应用程序在集群 UI 上显示的名称

创建 Spark Streaming 对象的语法如下。

```
from pyspark.streaming import StreamingContext
ssc = StreamingContext(sc, Seconds)
```

StreamingContext 参数说明如表 5-2 所示。

表 5-2 StreamingContext 参数说明

参数	描述
sc	SparkContext 实例
Seconds	处理数据的时间间隔，单位为 s

StreamingContext 对象创建完成后即可使用该对象中提供的不同数据源获取方法来创建 DStream。

数据源包括 HDFS 文件、文本文件、RDD、套接字连接等，Spark Streaming 针对不同的来源提供多种方法进行 DStream 的创建，常用方法如下。

（1）socketTextStream()

用于 TCP（Transmission Control Protocol，传输控制协议）套接字连接，从文本数据中创建一个 DStream，语法格式如下。

```
lines = ssc.socketTextStream("localhost", 9999)
```

（2）textFileStream()

用于读取简单文本数据以创建 DStream，语法格式如下。

```
lines = ssc.textFileStream(dataDirectory)
```

textFileStream()方法可以用于监控一个简单的目录，如"hdfs://namenode:8040/logs/"（连接本机 HDFS 时可省略主机和端口号直接填写 HDFS 中的文件路径），在此目录路径下的所有文件将在被发现时处理。

例如，使用 Spark Streaming 监听计算机 TCP 套接字数据，创建 DStream，并实现批处理时间间隔为 5s 的词频统计任务，代码如下所示。

```
[root@master ~]# cd /usr/local/spark/bin/
[root@master ~]# ./pyspark
from pyspark import SparkContext
from pyspark.streaming import StreamingContext
ssc = StreamingContext(sc, 5)
#接收本机由 9999 端口发送的套接字信息
lines = ssc.socketTextStream("localhost", 9999)
#使用逗号对数据进行分隔
lines.pprint()
ssc.start()
```

微课 5-5 TCP 套接字案例演示

打开另一个命令行窗口发送 TCP 套接字，查看 pyspark 窗口会实时输出相应的内容，发送套接字命令如下。

```
[root@master ~]# nc -lk 9999        #运行后即可输入内容
```

任务实施

微课 5-6　任务实施

使用 Spark Streaming 监控电商产品数据中的评价数据，并创建 DStream，具体步骤如下。

第一步：进入 Spark 根目录中的 bin 目录下，通过 pyspark 命令进入使用 Python 编写 Spark 程序的命令行，命令如下。

```
[root@master ~]# cd /usr/local/spark/bin/
[root@master bin]# ./pyspark
```

结果如图 5-9 所示。

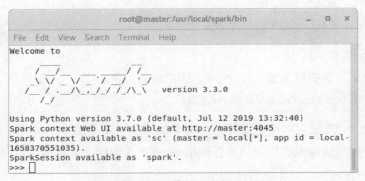

图 5-9　进入 pyspark

第二步：在 pyspark 编辑环境中，导入 SparkContext 与 StreamingContext 两个包，代码如下所示。

```
>>> from pyspark import SparkContext
>>> from pyspark.streaming import StreamingContext
```

结果如图 5-10 所示。

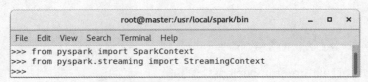

图 5-10　导入包

第三步：因为当前使用的 pyspark 的 Shell 编程环境中默认包含名为 sc 的 SparkContext 对象，所以直接使用该对象创建 StreamingContext 对象，设置每间隔 5s 读取一次数据，代码如下。

```
>>> ssc = StreamingContext(sc, 5)
```

结果如图 5-11 所示。

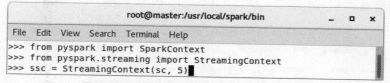

图 5-11　实例化 StreamingContext 对象

第四步：使用 textFileStream()方法，监控 HDFS 中"/Edata/commentspark"目录下的数据，并输出相应数据，代码如下所示。

```
>>> lines = ssc.textFileStream("/Edata/commentspark/")
>>> lines.pprint()
```

结果如图 5-12 所示。

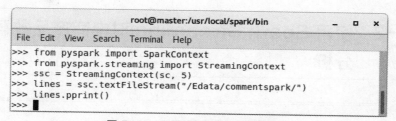

图 5-12　设置监控目录并输出数据

第五步：启动 Spark Streaming 程序，开始对目录进行监控并输出数据，代码如下所示。

```
>>> ssc.start()
```

结果如图 5-13 所示。

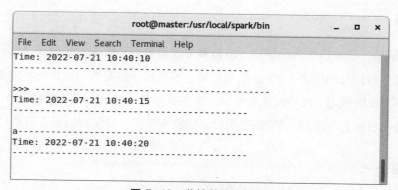

图 5-13　监控并输出数据

第六步：打开另一个命令行窗口，使用 HDFS shell 命令创建对应目录"/Edata/commentspark"，并将"/Edata/comment"中的 part-00000 文件复制到"commentspark"目录下，命令如下。

```
[root@master ~]# hdfs dfs -mkdir /Edata/commentspark
[root@master ~]# hdfs dfs -cp /Edata/comment/part-00000 /Edata/commentspark/
```

运行成功后查看 pyspark 窗口，结果如图 5-14 所示。

图 5-14 输出数据

任务 5-2　使用 Spark Streaming 对电商产品数据进行实时分析

任务描述

Spark Streaming 是一个支持多数据源的实时流数据处理框架，可使用函数处理流数据。本任务主要通过使用 Spark Streaming 完成电商产品数据中的实时数据分析以统计销量与销售额，在任务的实现过程中，帮助读者熟悉 Spark Streaming 程序的编程逻辑，掌握 DStream 的转换和输出操作。

素质拓展

"今日事今日毕，不失信于自己"——出自著名教育家叶圣陶先生的教育名句，意思是今日的事今日完成，遵守对自己的承诺。"今日事今日毕"不仅是一种习惯，也是一种能力。想要成为一个成功者，必须积极地努力。成功者从不拖延，也不会等到"有朝一日"再去行动，而是今天就动手去干。正如《明日歌》中所写："明日复明日，明日何其多。我生待明日，万事成蹉跎。"

任务技能

技能点 1　DStream 转换操作

DStream 转换操作主要用于对所包含的数据进行处理和统计，包括过滤、合并、计算元素数量、出现频次等。DStream 中常用的转换操作方法如表 5-3 所示。

微课 5-7
DStream 的转换和输出操作

表 5-3 DStream 中常用的转换操作方法

方法	描述
map(func)	对 DStream 中包含的每一个元素应用这个指定的方法，并以 DStream 格式返回结果
flatMap(func)	与 map()方法类似，只不过各个输入项可以被输出为零个或多个输出项
filter(func)	对 DStream 的每一个数据应用条件方法进行判断，若符合条件则加入新的 DStream 中，不符合则删除
reduce(func)	通过指定方法对 DStream 中的每一个元素进行聚合操作，然后返回只有一个元素的 RDD 构成的新的 DStream
reduceByKey(func)	与 reduce()方法的功能相同，但 reduceByKey()方法针对(k,v)形式的元素进行统计
transform(func)	通过指定方法对 DStream 中的每一个元素执行指定操作，可以是任意的 RDD 操作，从而返回一个新的 RDD
countByValue()	计算 DStream 中每个 RDD 内的元素出现的频次并返回新的 DStream[(K,Long)]，其中 K 是 RDD 中元素的类型，Long 是元素出现的频次
count()	对 DStream 中包含的元素数量进行计数，返回一个内部只包含一个元素的 RDD 的 DStream
union(otherStream)	连接两个 DStream 中的数据生成一个新的 DStream

上述转换操作除 count()和 countByValue()外均接收一个 lambda 表达式。

下面使用 wordcount 案例讲解转换操作的方法，使用 Spark Streaming 监听目录中的文件，创建 DStream，并实现批处理时间间隔为 5s 的词频统计任务，代码如下所示。

微课 5-8 词频统计案例演示

```
[root@master ~]# cd /usr/local/spark/bin/
[root@master ~]# ./pyspark
from pyspark import SparkContext
from pyspark.streaming import StreamingContext
ssc = StreamingContext(sc, 5)
#监控本地文件系统的/usr/local/Dstream 目录下的文件
lines = ssc.textFileStream("file:///usr/local/Dstream")
#使用逗号对数据进行分隔
words = lines.flatMap(lambda line: line.split(","))
#将每个词映射为 key-value 的形式，key 为词，value 默认设置为 1
pairs = words.map(lambda word: (word, 1))
#对具有相同 key 值的 value 进行加运算
wordCounts = pairs.reduceByKey(lambda x, y: x + y)
#输出结果
wordCounts.pprint()
```

```
#运行程序
ssc.start()
```

打开另一个命令行窗口,创建路径"/usr/local/Dstream/",在该目录下创建任意名称的数据文件并填写内容,保存后 Spark Streaming 会监测到数据变化并输出,命令如下。

```
[root@master ~]# mkdir /usr/local/Dstream
[root@master ~]# cd /usr/local/Dstream
[root@master Dstream]# vim a.txt
```

技能点 2　DStream 窗口操作

Spark Streaming 还提供了窗口操作,能够在数据的滑动窗口上应用转换操作。DStream 中常用的窗口操作方法如表 5-4 所示。

表 5-4　DStream 中常用的窗口操作方法

方法	描述
window()	对每个滑动窗口的数据执行自定义的计算,该方法接收两个参数,第一个参数为窗口长度,以时间间隔的形式表示,单位为 s;第二个参数为滑动时间间隔,单位为 s,不论是窗口长度还是滑动时间间隔都必须是 StreamingContext 对象创建时设置时间的倍数
countByWindow()	统计滑动窗口的 DStream 中元素的数量,并以 DStream 格式返回,接收参数及代表意义与 window()方法相同
reduceByWindow()	对滑动窗口中 DStream 的元素进行聚合操作,以 DStream 格式返回操作结果,该方法需要传入三个参数,第一个参数为进行聚合操作的函数,第二个参数为窗口长度,第三个参数为滑动时间间隔
countByValueAndWindow()	统计当前滑动窗口中 DStream 元素出现的频率,并以 DStream[(K,Long)]格式返回,其中 K 是元素的类型,Long 是元素出现的频次,接收参数与 reduceByWindow()的相同
reduceByKeyAndWindow()	对滑动窗口中 DStream 的(k,v)类型元素进行聚合操作,该方法包含四个参数,第一个参数为指定的聚合函数;第二个参数同样是一个函数,但其用来处理流出的 RDD,可不使用;第三个参数为窗口长度,单位为 s;第四个参数为滑动时间间隔,单位为 s

在 DStream 的转换操作中实现了监控本地文件系统的数据文件并进行词频统计的任务,现在对其进行扩展,使用监听 TCP 套接字数据的形式发送数据,并加入使用窗口操作方法进行词频统计的功能,任务的内容是每隔 10s 计算整个数据流最后 30s 传入的数据的词频,代码如下所示。

微课 5-9　窗口操作案例演示

```
[root@master ~]# cd /usr/local/spark/bin/
[root@master ~]# ./pyspark
from pyspark import SparkContext
```

```
from pyspark.streaming import StreamingContext
ssc = StreamingContext(sc, 1)
#设置接收套接字数据的服务器地址与端口
lines = ssc.socketTextStream("localhost", 9999)
#设置数据检查点
ssc.checkpoint("cp")
#使用逗号对数据进行分隔
words = lines.flatMap(lambda line: line.split(","))
#将每个词映射为 key-value 的形式，key 为词，value 默认设置为 1
pairs = words.map(lambda word: (word, 1))
#使用窗口操作方法每隔 10s 统计一次，最后 30s 输入数据的词频
windowedWordCounts = pairs.reduceByKeyAndWindow(lambda x, y: x + y, lambda x, y: x - y, 30, 10)
windowedWordCounts.pprint()
ssc.start()
```

打开另一个命令行窗口，使用 Netcat 作为数据服务器，向 Spark Streaming 程序发送数据，命令如下。

```
[root@master ~]# nc -lk 9999    #运行后，写入使用逗号分隔的数据，按 Enter 键发送
```

流式应用程序必须全天候运行，因此必须能够应对与应用程序逻辑无关的故障（例如，系统故障、JVM 崩溃等）。为此，Spark Streaming 在容错存储系统中需要有足够的检查点，以便它可以从故障中恢复。在使用窗口操作方法 reduceByKeyAndWindow()（带有反函数）时，则必须提供检查点目录以允许定期 RDD 进行检查点。

技能点 3 DStream 输出操作

在 Spark Streaming 中，DStream 的输出操作用于触发 DStream 的转换操作和窗口操作，可以将 DStream 中的数据保存到外部系统中，包括 MySQL 数据库、本地文件系统、HDFS 等。DStream 中常用的输出操作方法如表 5-5 所示。

表 5-5 DStream 中常用的输出操作方法

方法	描述
pprint()	在运行流应用程序的驱动程序节点上输出 DStream 中每批数据的前 10 个元素
saveAsTextFiles(prefix, [suffix])	将 DStream 中的数据以文本的形式保存在本地文件系统或 HDFS 中，其接收两个参数，第一个参数为文件的路径及名称前缀，第二个参数为文件的格式，并且每隔一段规定的时间都会生成一个文件名称包含时间戳的本地文件

续表

方法	描述
foreachRDD(func)	通过传入输出操作方法可以将 DStream 数据推送到外部系统，通常用于实现将 DStream 数据保存到数据库中

其中，saveAsTextFiles()方法第二个参数的常用参数值如表 5-6 所示。

表 5-6　saveAsTextFiles()方法第二个参数的常用参数值

参数值	描述
.txt	文本文件
.json	JSON 文件
.csv	CSV 文件

下面使用 saveAsTextFiles()方法将 DStream 数据保存到指定本地文件系统和 HDFS 中，代码如下所示。

```
windowedWordCounts.saveAsTextFiles("file:///usr/local/DStream/wordcount",".txt")#或
windowedWordCounts.saveAsTextFiles("hdfs://namenode:8040/DStream/wordcount",".txt")
```

技能点 4　Spark Streaming 的启动与停止

Spark Streaming 程序在编写完成后并不会被执行，DStream 的相关操作只创建执行流程，设定了执行计划后，还需要 Spark Streaming 的运行操作完成才会启动 Spark Streaming 程序并执行预期操作。在 SparkShell 中，启动程序后，计算结束程序也不会停止，只能通过相关方法手动停止程序；而在实际开发过程中，通过开发工具打包后的程序，计算结束后会立即关闭，但需要通过 Spark Streaming 进行数据的实时计算，这时可以通过监听停止程序来实现。Spark Streaming 的启动与停止方法如表 5-7 所示。

表 5-7　Spark Streaming 的启动与停止方法

方法	描述
start()	启动 Spark Streaming 程序进行数据的计算
awaitTermination()	等待程序结束，用于使程序持续运行
stop()	停止 Spark Streaming 程序

Spark Streaming 的启动与停止方法的语法格式如下。

StreamingContext 对象.方法

SparkStreaming 程序除了能够在 pyspark 命令行中直接编写外还能够编写独立的.py 文件，通过 spark-submit 命令将其提交至 Spark 集群运行。修改 wordcount.py 的代码，自行实例化 SparkContext 对象并使用

微课 5-10　编写独立的 Python 脚本实现词频统计

awaitTermination()方法使程序持续运行，完整代码如下。

```
[root@master ~]# cd /usr/local/
[root@master local]# vim wordcount.py    #以下是代码
from pyspark import SparkContext
from pyspark.streaming import StreamingContext
sc = SparkContext("local[2]", "NetworkWordCount")
ssc = StreamingContext(sc, 1)
lines = ssc.socketTextStream("localhost", 9999)
words = lines.flatMap(lambda line: line.split(","))
# 单词计数
pairs = words.map(lambda word: (word, 1))
wordCounts = pairs.reduceByKey(lambda x, y: x + y)
wordCounts.pprint()
ssc.start()
ssc.awaitTermination() #等待程序结束，用于使程序持续运行
[root@master local]# cd ./spark/bin/
[root@master bin]# ./spark-submit /usr/local/wordcount.py #提交运行
```

任务实施

通过以下几个步骤，使用 Spark Streaming 监控 HDFS 目录中的数据文件，当上传数据文件时开始进行统计，分别实时计算出总销量、总销售额，并将数据保存到 MySQL 数据库。首先使用 pyspark 命令行测试代码是否能够正常运行，然后将代码整合至 Python 文件并使用 submit 提交至集群运行，具体步骤如下。

第一步：进入 pyspark 命令行，引入相关库，设置每 5s 进行一次数据分析，代码如下所示。

```
>>> from pyspark import SparkContext
>>> from pyspark.streaming import StreamingContext
>>> ssc = StreamingContext(sc, 5)
```

第二步：设置数据目录为"/Edata/saleslist"，数据集中的列使用逗号进行分隔，代码如下所示。

```
lines = ssc.textFileStream("/Edata/saleslist/")
words = lines.transform(lambda line: line.map(lambda line:line.split(",")))
```

第三步：使用转换操作，计算出当前的销量信息并启动程序，代码如下所示。

```
salesvolume=words.map(lambda words:words[1]).count()

salesvolume.pprint()

ssc.start()
```

结果如图 5-15 所示。

微课 5-11 任务实施-统计销售量

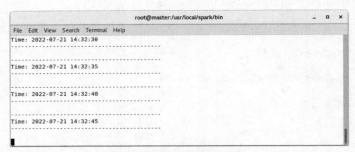

图 5-15 启动销量计算

第四步：打开另一个命令行窗口，将"phone_saleslist01.csv"数据文件上传至 HDFS 的"/Edata/saleslist"目录下，命令如下。

```
[root@master ~]# hdfs dfs –mkdir /Edata/saleslist

[root@master ~]# cd /usr/local/inspur/data/

[root@master data]# hdfs dfs –put phone_saleslist01.csv /Edata/saleslist
```

查看 Spark Streaming 的计算结果，如图 5-16 所示。

图 5-16 当前销量

第五步：重新打开 pyspark 环境，编辑代码引入相关库，并监控目录"/Edata/saleslist"中的数据文件，使用逗号进行分隔，代码如下所示。

```
from pyspark import SparkContext

from pyspark.streaming import StreamingContext

ssc = StreamingContext(sc, 5)

lines = ssc.textFileStream("/Edata/saleslist/")

words = lines.transform(lambda line: line.map(lambda line:line.split(",")))
```

第六步：获取所售出的商品单价数据，商品单价在数据文件的第 6 列，索引为 5，之后使用 map()转换进行获取，代码如下所示。

```
salesamounts=words.map(lambda words:words[5])
```

第七步：使用 wordcount 的原理计算总销售额，将单价映射为 key-value 的形式，key 设置为固定的字符串"salesamount"，value 的值设置为单价，最后使用 reduceByKey()进行转换，计算出总销售额，代码如下所示。

```
pairs = salesamounts.map(lambda salesamount: ("salesamount",float(salesamount)))
mount = pairs.reduceByKey(lambda x, y: x + y)
mount.pprint()
ssc.start()
```

微课 5-12 任务实施-统计销售额

结果如图 5-17 所示。

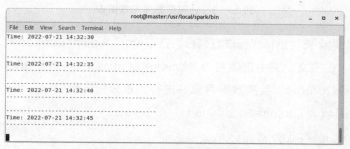

图 5-17 启动总销售额计算

第八步：打开第二个命令行窗口，将"phone_saleslist02.csv"数据集上传到"/Edata/saleslist"目录中，命令如下。

```
[root@master data]# hdfs dfs –put phone_saleslist02.csv /Edata/saleslist
```

查看 pyspark 窗口，结果如图 5-18 所示。

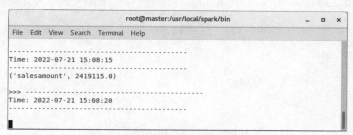

图 5-18 当前销售额

第九步：进入 MySQL 并创建用于保存分析结果数据的数据库与数据表，命令如下。

```
[root@master ~]# mysql –uroot –p123456
mysql> CREATE DATABASE phone;
mysql> USE phone;
```

微课 5-13 任务实施-将统计结果写入数据库

```
mysql> CREATE TABLE mount(time varchar(30),amount varchar(255));
mysql> CREATE TABLE salesvolume(time varchar(30),sv varchar(255));
```

结果如图 5-19 所示。

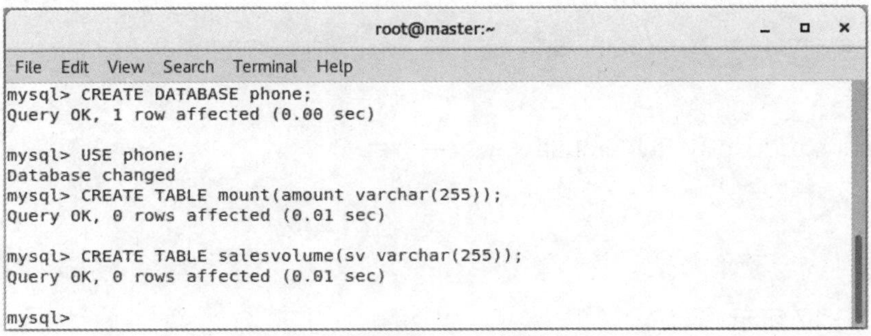

图 5-19 创建数据库与数据表

第十步：对以上两个统计指标代码进行整合，在"/usr/local/inspur/code"目录中创建 Spark Streaming 文件夹，在该文件夹中创建名为"salesstatistics.py"的 Python 代码文件，并引入相关库，创建 SparkContext，监控数据目录并进行销量分析，代码如下所示。

```
[root@master ~]# cd /usr/local/inspur/code/
[root@master code]# mkdir sparkStreaming
[root@master code]# cd ./sparkStreaming/
[root@master sparkStreaming]# vim salesstatistics.py
#引入库
from pyspark import SparkContext
from pyspark.streaming import StreamingContext
from pyspark.sql.session import SparkSession
from pymysql import *
import time
#创建 sc
sc = SparkContext("local[1]", "NetworkWordCount")
#创建 StreamingContext 对象
ssc = StreamingContext(sc, 10)
#监控数据目录
lines = ssc.textFileStream("/Edata/saleslist/")
#使用逗号分隔
```

```
words = lines.transform(lambda line: line.map(lambda line:line.split(",")))
#统计销量
salesvolume=words.map(lambda words:words[1]).count()
```

第十一步：使用 foreachRDD()方法遍历销量数据，定义方法将数据保存到 phone 数据库的 salesvolume 表中，代码如下所示。

```
def sendPartition(iter):
    conn = connect(host='localhost', port=3306, database='phone', user='root',password='123456', charset='utf8')
    cs1 = conn.cursor()
    now_time = time.strftime('%Y-%m-%d %H:%M:%S', time.localtime())
    for record in iter:
        sql = "insert into salesvolume(time,sv) values (%s,%s)"
        cs1.execute(sql,(str(now_time),record))
        conn.commit()
        cs1.close()
        conn.close()
        return
    sql1 = "insert into salesvolume(time,sv) values (%s,%s)"
    cs1.execute(sql1,(str(now_time),'0'))
    conn.commit()
    cs1.close()
    conn.close()
salesvolume.foreachRDD(lambda rdd: rdd.foreachPartition(sendPartition))
```

第十二步：统计销售额信息，并将销售额数据保存到 mount 表中，代码如下所示。

```
salesamounts=words.map(lambda words:words[5])
pairs = salesamounts.map(lambda salesamount: ("salesamount",float(salesamount)))
mount = pairs.reduceByKey(lambda x, y: x + y)
def sendPartition2(iter):
    conn = connect(host='localhost', port=3306, database='phone', user='root',password='123456', charset='utf8')
    cs1 = conn.cursor()
```

```
        now_time = time.strftime('%Y-%m-%d %H:%M:%S', time.localtime())
        for record in iter:
            sql = "insert into mount(time,amount) values (%s,%s)"
            cs1.execute(sql,(str(now_time),str(record[1])))
            conn.commit()
            cs1.close()
            conn.close()
            return
        sql1 = "insert into mount(time,amount) values (%s,%s)"
        cs1.execute(sql1,(str(now_time),'0'))
        conn.commit()
        cs1.close()
        conn.close()
mount.foreachRDD(lambda rdd: rdd.foreachPartition(sendPartition2))
```

第十三步:添加启动 Spark Streaming 的代码,并设置程序连续执行,代码如下所示。

微课 5-14 任务实施-测试运行

```
ssc.start()
ssc.awaitTermination()
```

第十四步:使用 spark-submit 命令将程序提交到 Spark 集群运行,当屏幕中出现"started"字样时表示启动成功,启动成功后屏幕会不断滚动,命令如下。

```
[root@master ~]# cd /usr/local/spark/bin/
[root@master bin]# ./spark-submit /usr/local/inspur/code/sparkStreaming/salesstatistics.py
```

结果如图 5-20 所示。

图 5-20 提交至集群执行

第十五步：重新打开一个命令行窗口，将"/usr/local/inspur/data"目录下的"phone_saleslist03.csv"至"phone_saleslist12.csv"的文件上传至 HDFS 中的"/Edata/saleslist"目录下，命令如下。

```
[root@master data]# hdfs dfs -put phone_saleslist03.csv /Edata/saleslist
[root@master data]# hdfs dfs -put phone_saleslist04.csv /Edata/saleslist
[root@master data]# hdfs dfs -put phone_saleslist05.csv /Edata/saleslist
[root@master data]# hdfs dfs -put phone_saleslist06.csv /Edata/saleslist
[root@master data]# hdfs dfs -put phone_saleslist07.csv /Edata/saleslist
[root@master data]# hdfs dfs -put phone_saleslist08.csv /Edata/saleslist
[root@master data]# hdfs dfs -put phone_saleslist09.csv /Edata/saleslist
[root@master data]# hdfs dfs -put phone_saleslist10.csv /Edata/saleslist
[root@master data]# hdfs dfs -put phone_saleslist11.csv /Edata/saleslist
[root@master data]# hdfs dfs -put phone_saleslist12.csv /Edata/saleslist
```

第十六步：回到 MySQL 命令行中，分别查看 mount 和 salesvolume 表中的数据，命令如下。

```
mysql> SELECT * FROM mount;
mysql> SELECT * FROM salesvolume;
```

结果如图 5-21 所示。

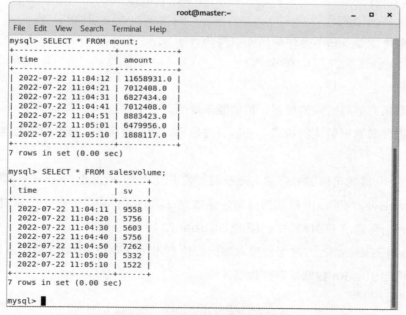

图 5-21　在 MySQL 中查看数据

项目小结

本项目通过对电商产品数据的实时处理，帮助读者熟悉流式计算原理、DStream 离散化数据流的概念和创建方法，并掌握 Spark Streaming 编程方法和 DStream 的转换操作、窗口操作以及输出操作，最终完成数据的实时处理任务。

课后习题

1. 选择题

（1）使用 textFileStream()方法在 HDFS 源数据中创建 DStream 错误的是（   ）。
    A. file:///usr/lcoal   B. hdfs://namenode:8040/logs/"
    C. /filepath/logs/"   D. hdfs://namenode:8040/logs/2017/*

（2）对 DStream 中包含的每一个元素应用指定的函数，并以 DStream 格式返回结果的转换操作是（   ）。
    A. flatMap(func)   B. map(func)   C. reduce(func)   D. count()

（3）对每个滑动窗口的数据执行自定义的计算的窗口操作方法是（   ）。
    A. reduceByKeyAndWindow()   B. countByWindow()
    C. countByValueAndWindow()   D. window()

（4）在运行流应用程序的驱动程序节点上输出 DStream 中每批数据的前 10 个元素的方法是（   ）。
    A. pprint()   B. print()
    C. foreachRDD()   D. saveAsTextFiles()

（5）等待程序结束，用于使程序持续运行的方法是（   ）。
    A. agen()   B. restart()   C. stop()   D. awaitTermination()

2. 判断题

（1）实时数据会随着时间的推移，价值越来越高。（   ）

（2）流数据具有数据量大的特点，一旦经过处理，要么被丢弃，要么被归档存储于数据库。（   ）

（3）DStream 数据可通过外部输入源获取，如 FLume、Kafka、Kinesis 等。（   ）

（4）reduceByKey(func) 能够通过指定函数对 DStream 中的每一个元素进行聚合操作，然后返回只有一个元素的 RDD 构成的新的 DStream。（   ）

（5）foreachRDD(func)方法通过传入输出操作方法可以将 DStream 数据推送到外部系统，通常用于实现将 DStream 数据保存到数据库中。（   ）

3. 简答题

简述流数据的特征。

自我评价

查看自己通过学习本项目是否掌握了以下技能,在表 5-8 中标出相应的掌握程度。

表 5-8 技能检测表

评价标准	个人评价	小组评价	教师评价
能够使用不同数据源创建 DStream			
能够实现数据实时处理程序			

备注:A. 具备   B. 基本具备   C. 部分具备   D. 不具备

项目6
电商产品数据挖掘

项目导言

在信息爆炸的时代,有效信息很难从海量的数据中提取出来。过多的无用信息会导致有效信息的丧失、混乱。因此,人们迫切希望能够对海量数据进行深入分析,以发现并提取隐藏在其中的有用信息,从而更好地利用这些数据。在这样的背景下,数据挖掘技术应运而生。

数据挖掘技术旨在通过使用统计分析、机器学习和人工智能等方法,从大规模数据集中提取有用的信息和知识,它可以帮助人们发现数据中的模式、趋势和规律,从而为决策制定、业务优化和创新提供支持。目前,大数据分析中比较常用的数据挖掘工具为 Spark MLlib 组件,它可以高度自动化地分析数据并作出归纳性的推理,从中挖掘出有用的信息。本项目将通过 Spark MLlib 组件完成电商产品数据的挖掘。

项目导图

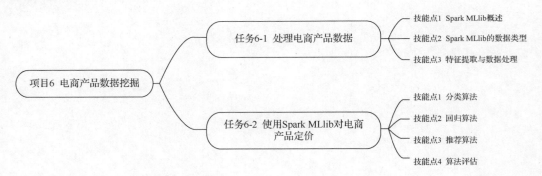

知识目标

> 了解 Spark MLlib 的相关知识。
> 熟悉 Spark MLlib 中常用的数据类型。
> 熟悉 Spark MLlib 如何进行特征提取与数据处理。
> 掌握 Spark MLlib 常用算法与算法评估。

技能目标

- 能够实现常用数据类型的定义。
- 能够完成特征提取与数据处理。
- 能够使用 Spark MLlib 算法。
- 能够评估 Spark MLlib 算法。

素养目标

- 学会查阅 Spark MLlib 官方文档，提高信息检索能力。
- 了解 Spark MLlib 中不同的算法，培养善于探索、精益求精的职业素养。
- 通过评估 Spark MLlib 算法，提高善于分析数据、发现关系的能力。

任务 6-1　处理电商产品数据

任务描述

本任务主要通过 Spark MLlib 对电商产品数据进行处理。在任务的实现过程中，帮助读者熟悉 Spark MLlib 的基础知识，并掌握特征提取与数据处理的方法。

素质拓展

党的二十大报告中提出，我们要以巨大的政治勇气全面深化改革，打响改革攻坚战，加强改革顶层设计，敢于突进深水区，敢于啃硬骨头，敢于涉险滩，敢于面对新矛盾新挑战，冲破思想观念束缚，突破利益固化藩篱，坚决破除各方面体制机制弊端，使中国特色社会主义制度更加成熟更加定型。在对数据进行特征提取时，也需要通过算法识别出有重大贡献的特征，淘汰不良数据的影响。

任务技能

技能点 1　Spark MLlib 概述

1. Spark MLlib 简介

Spark MLlib 是 Apache Spark 的机器学习库，它提供了一套丰富的机器学习算法和工具，用于在大规模数据集上进行机器学习任务。Spark MLlib 从功能上说与 Scikit-Learn 等机器学习库类似，区别在于 Spark MLlib 是基于 Apache Spark 平台构建的，具有分布式计算能力，开发者无须关心如何实现分布式，无须考虑 GraphX、Structured Streaming 中的关键抽象、分布式计算框架，而只需关注机器学习任务本身的一些东西，如参数、模型、工作流、测试、算法调优等；缺点在于面对复杂的数据集时，需要做多次处理，或者当需要对新数据结合多个已经训练好的单个模型进行综合计算时,使用 Spark MLlib 会使程序结构变得复杂,甚至难以实现。

2. Spark MLlib 的组成

开发者只需要有 Spark 基础并且了解数据挖掘算法的原理,以及算法参数的含义,就可以通过调用相应算法的 API 来实现数据的挖掘过程。Spark MLlib 主要由数据类型、数学统计计算库、算法评测和机器学习算法 4 部分组成,如表 6-1 所示。

表 6-1 Spark MLlib 的组成

名称	描述
数据类型	向量、带类别的向量、矩阵等
数学统计计算库	基本统计量、相关分析、假设检验等
算法评测	AUC(ROC 曲线下面积)、准确率、召回率、F-Measure 等
机器学习算法	分类算法、回归算法、聚类算法、协同过滤等

3. Spark MLlib 的优势

Spark MLlib 的优势主要有以下几点。

(1)快速的内存计算。Spark MLlib 基于内存计算,利用分布式内存集群进行数据处理和机器学习任务。相比之下,Hadoop MapReduce 需要将数据写入磁盘,从而导致较高的磁盘读写开销。Spark MLlib 的内存计算能力使得它在迭代算法和交互式数据分析中表现更好。

(2)更好的性能优化。Spark MLlib 的决策树采用了分布式计算策略,在优化方面表现出色。除了在计算梯度时利用分布式计算外,它还针对特征选择进行了优化。在处理大型分布式数据集时,对连续性特征值进行排序的成本非常高昂。为了解决这个问题,Spark MLlib 引入了一种近似的方法来计算拆分候选集:通过对数据的采样部分进行分位数计算,从而得到一组近似的拆分候选集。这种优化方法在特征选择过程中显著提高了性能。通过这样的优化,MLlib 的决策树能够更高效地处理大规模分布式数据集,并取得更好的性能表现。

(3)Spark MLlib 基于分布式决策树构建了分布式 GBDT(梯度提升决策树)算法。这意味着 GBDT 算法能够在分布式环境下高效地进行训练和预测,从而充分利用集群的计算能力,提高了算法的性能和可扩展性。

技能点 2 Spark MLlib 的数据类型

Spark MLlib 提供了若干基本数据类型以支持底层机器学习算法,主要的数据类型包括本地向量(Local Vector)、标注点(Labeled Point)、本地矩阵(Local Matrix)、分布式矩阵(Distributed Matrix)等。Spark MLlib 数据类型的详细说明如下。

1. 本地向量

本地向量会保存到单机中,其拥有整型、从 0 开始的索引值以及浮点型的元素值。Spark

MLlib 包含两类本地向量，分别为稠密向量（Dense Vector）和稀疏向量（Sparse Vector）。稠密向量使用一个双精度浮点型数组来表示向量中每一维元素，如向量(1.0, 0.0, 3.0)的稠密向量表示形式为[1.0,0.0,3.0]。稀疏向量由一个整型索引数组和一个双精度浮点型的值数组组成。如向量(1.0, 0.0, 3.0)的稀疏向量形式表示为(3, [0,2], [1.0, 3.0])，其中，3 是向量的长度，[0,2]是向量中非 0 维度的索引值，表示位置为 0、2 的两个元素为非零值，而[1.0, 3.0]则是按索引排列的数组元素值。

在 Spark MLlib 中本地向量通过 pyspark.mllib.linalg.Vectors 基类来实现，并且包含 pyspark.ml.linalg.DenseVector 和 pyspark.ml.linalg.SparseVector 两个实现类。创建本地向量的方法如表 6-2 所示。

表 6-2　本地向量创建方法

方法	描述
Vectors.dense()	创建稠密向量
Vectors.sparse()	创建稀疏向量

其中，Vectors.dense()方法接收多个 double 类型的值，每个值之间通过","连接；Vectors.sparse()方法则接收三个参数，第一个参数为向量的长度，第二个参数为数组格式非零值的索引，第三个参数为数组格式的非零值。下面分别使用 Vectors.dense()和 Vectors.sparse()方法创建值为(2.0, 0.0, 5.0)的局部向量，代码如下所示。

```
from pyspark.mllib.linalg import Vectors
//创建一个稠密向量
Vectors.dense(2.0, 0.0, 5.0)
//创建一个稀疏向量
Vectors.sparse(3, [0, 1], [2.0, 5.0])
```

2. 标注点

标注点即带有标签的本地向量，由一个标签和一个特征向量组成。标注点数据类型可以为稠密向量或稀疏向量。在 Spark MLlib 中，标注点常用于监督学习算法。由于标签使用双精度浮点型存储，所以标注点可被应用到回归（Regression）和分类（Classification）问题上。如在二分类问题中，正样本的标签为 1，负样本的标签为 0；而对于多类别的分类问题来说，标签则应是一个以 0 开始的索引序列，即 0,1,2,……。标注点的实现类为 pyspark.mllib.regression.LabeledPoint，与本地向量一样，可创建稠密向量和稀疏向量。下面分别通过稠密向量和稀疏向量创建标记点，代码如下所示。

```
//导入 Vectors 类和 LabeledPoint()方法
from pyspark.mllib.linalg import Vectors
```

```
from pyspark.mllib.regression import LabeledPoint
//使用标签 1.0 和一个稠密向量创建一个标记点
LabeledPoint(1.0,Vectors.dense(4.0,0.0,8.0))
//使用标签 0.0 和一个稀疏向量创建一个标记点
LabeledPoint(0.0,Vectors.sparse(3,[0,2],[4.0,8.0]))
```

3. 本地矩阵

本地矩阵的值为 double 类型，具有整型的行、列索引值和双精度浮点数元素值。Spark MLlib 支持稠密矩阵（Dense Matrix）和稀疏矩阵（Sparse Matrix）两种本地矩阵，稠密矩阵将所有元素的值存储在一个列优先（Column-major）的双精度型数组中，而稀疏矩阵则将非零元素以列优先的压缩稀疏列（Compressed Sparse Column，CSC）模式进行存储。本地矩阵的基类是 org.apache.spark.mllib.linalg.Matrix。下面通过稠密向量和稀疏向量创建本地矩阵，代码如下所示。

```
from pyspark.mllib.linalg import Matrix, Matrices
//创建稠密矩阵
Matrices.dense(3, 2, [1, 2, 3, 4, 5, 6])
//创建稀疏矩阵
Matrices.sparse(3, 2, [0, 1, 3], [0, 2, 1], [9, 6, 8])
```

技能点 3　特征提取与数据处理

1. 特征提取

Spark MLlib 提供了多个特征提取的方法，其中较为常见的包括词频-逆文档频率（Term Frequency-Inverse Document Frequency，TF-IDF）和词向量（Word2Vec）两个方法。

（1）TF-IDF

Spark MLlib 中通常使用 TF-IDF 作为文本特征提取算法。TF-IDF 是一种常用的文本特征表示方法，用于衡量一个关键词对于一个文档集合中的某个文档的重要性。这里的关键词是指文档中出现最多的词，因此关键词提取最简单的思路就是提取在文档中出现最多的词，即词频（Term Frequency，TF）的提取。TF 使用 HashingTF()方法实现，该方法会计算词频向量并通过哈希法进行排序，使词与向量一一对应。然后需要对所提取的每个词分配一个权重表示其重要性程度，其中常见词作为关键词所分配的权重较小，不常见的词作为关键词分配的权重较大，这个过程叫做逆文档频率（Inverse Document Frequency，IDF）。IDF 使用 IDF()方法实现，该方法会计算逆文档概率，在使用时还需通过 IDFModel 类的 transform()方法将 TF 向量转为 IDF 向量。需要注意的是，HashingTF()和 IDF()在使用时不会接受任何参数，只需通过关键字 new 结合方法生成对象后，通过 fit()方法或 transform()方法进行计算即可。HashingTF()与 IDF()

方法的语法格式如下。

```
from pyspark.ml.feature import HashingTF, IDF
HashingTF(inputCol = None, outputCol = None, numFeatures = 262144)
IDF(inputCol = None, outputCol = None)
```

HashingTF()与IDF()方法的参数说明如表6-3所示。

表6-3　HashingTF()与IDF()方法的参数说明

参数	描述
inputCol	输入列的值
outputCol	输出列的值
numFeatures	设置"特征"计数的值

（2）Word2Vec

Word2Vec是谷歌（Google）公司于2013年提出来的自然语言处理（Natural Language Processing，NLP）工具，主要用于NLP中语义相似度判断，其特点是可以将词转化为向量表示，然后通过向量与向量之间的距离来度量词与词之间的相似度，从而挖掘词间存在的潜在关系。

在挖掘词与词间存在的潜在关系时，Word2Vec会将语料库中的每个词以K（模型中的超参数）维稠密向量表示，语料库中以空格断句，之后通过词与词之间的间距进行语义相似度的判断。其中，每一个文档都由一个单词序列组成，即含有N个单词的文档由N个K维向量组成。Word2Vec中包含的方法如表6-4所示。

表6-4　Word2Vec中包含的方法

方法	描述
fit(data)	从给定的文本数据中学习每个词的向量表示
setLearningRate(learningRate)	设置初始学习率（默认值：0.025）
setMinCount(minCount)	设置最小词频阈值（默认值：5）
setNumIterations(numIterations)	设置迭代次数（默认值：1），该次数应小于或等于分区数
setNumPartitions(numPartitions)	设置分区数（默认值：1）
setSeed(seed)	设置随机种子
setVectorSize(vectorSize)	设置矢量大小（默认值：100）
setWindowSize(windowSize)	设置窗口大小（默认值：5）

2. 数据处理

这里数据处理主要涉及数据预处理和数据规范化（将数据转换为便于机器学习算法使用的数据格式）等，下面介绍几种常用的数据处理方法。

（1）Normalizer()

Normalizer()是 Spark MLlib 中用于数据规范化的方法之一，它用于将特征向量的每个值按照给定的规范化类型进行缩放。Normalizer()主要用于实现数据的归一化操作，会将数据转换为 -1~1 的数值进行表示。Normalizer()的语法格式如下。

from pyspark.ml.feature import Normalizer

normalizer = Normalizer(p = 2.0, inputCol = None, outputCol = None)

Normalizer()方法参数说明如表 6-5 所示。

表 6-5　Normalizer()方法参数说明

参数	描述
p	标准化的方式，p-范数度量方式，p 默认为 2，表示使用 L2 范数，p=1 表示使用 L1 范数
inputCol	设置输入列名称
outputCol	设置输出列名称

（2）StandardScaler()

StandardScaler()是一种用于特征缩放的常用方法，可以将特征数据缩放到统一的标准范围内，以消除特征之间的差异，有助于提高模型的性能并加快模型的训练速度。它的作用包括：

- 去除特征间的单位不同导致的方差差异。例如，如果一个特征的值是以长度为单位，而另一个特征的值是以重量为单位，那么它们的特征值范围将非常不同，通过标准化则可以消除这种差异。
- 在某些情况下，不同特征的均值也可能不同，这种差异也可以被 StandardScaler 消除。
- 将特征缩放到统一的标准范围内，有助于提高模型的性能。如 SVM、KNN、LR 等算法会受特征变量的规模影响，从而导致预测准确性下降，如果利用 StandardScaler 进行处理则可以有效避免这些问题。
- StandardScaler()可以通过减去均值并除以标准差的方式对特征进行标准化。可以使特征均值为 0，标准差为 1。

使用 StandardScaler()对特征数据进行缩放的大致步骤如下：

① 将特征数据集转换为以向量为特征的 DataFrame；

② 使用 StandardScaler()将数据进行标准化处理；

③ 将标准化的数据集用于模型训练。

StandardScaler()的语法格式如下。

from pyspark.ml.feature import StandardScaler

standardScaler = StandardScaler(inputCol = None, outputCol = None)．

其参数与 Normalizer()方法的参数含义一致。

（3）MinMaxScaler()

在 Spark MLlib 中，MinMaxScaler()是一种用于数据预处理的方法，该方法可以将数据缩放到指定的范围内。它将数据标准化到指定的最小值和最大值之间，通常为 0～1 之间。

MinMaxScaler()方法的作用是使特征值的范围缩小，从而使特征值更加均匀地分布在较小的范围内。它的用途在于避免数据中某些特征具有很高的权重，导致算法受到这些特征的影响从而降低性能。通常可以使用 MinMaxScaler()方法对一组特征进行预处理，使其适合于机器学习算法的输入。它通常用于预测模型，如分类和回归问题，而不是聚类问题。MinMaxScaler()的语法格式如下。

```
from pyspark.ml.feature import MinMaxScaler
minMaxScaler = MinMaxScaler(min = 0.0, max = 1.0)
```

参数说明如表 6-6 所示。

表 6-6　MinMaxScaler()方法参数说明

参数	描述
min	设置最小值
max	设置最大值

（4）MaxAbsScaler()

MaxAbsScaler()是 Spark MLlib 中用于数据规范化的方法之一，用于将特征向量的每个值除以该特征向量的绝对值的最大值。MaxAbsScaler()方法不会改变特征向量的分布形状，只是将值映射到固定的范围内。MaxAbsScaler()的语法格式如下。

```
from pyspark.ml.feature import MaxAbsScaler
maxAbsScaler = MaxAbsScaler(inputCol=None, outputCol=None)
```

其参数与 Normalizer()方法的参数含义一致。

（5）VectorAssembler()

VectorAssembler()用于将多个列转换为 DataFrame 中的单个向量列，通常用于为机器学习算法准备数据。使用 VectorAssembler()时，需要引入 pyspark.ml.feature，创建一个新的组装器实例，并指定要组装为向量列的输入列。一旦配置了组装器，就可以通过调用 vectorAssembler.transform()对数据集进行转换。VectorAssembler()的语法格式如下。

```
from pyspark.ml.feature import VectorAssembler
vectorAssembler=VectorAssembler(inputCols = None, outputCol = None, handleInvalid = 'error')
```

参数说明如表 6-7 所示。

表 6-7 VectorAssembler()方法参数说明

参数	描述
handleInvalid	设置句柄无效的值
inputCols	设置输入列的值
outputCol	设置输出列的值

vectorAssembler.transform()的语法格式如下。

```
vectorAssembler.transform(dataset)
```

其中，dataset 表示输入的数据集。

（6）StringIndexer()

StringIndexer()用于将一个字符串类型的分类特征列（Column of Categorical Features）映射到一个标签索引（Label Indices）的数值型列。

在使用 StringIndexer()对数据进行转换时，按照默认配置，该算法会按照输入数据中分类特征的频率进行排序，频率最高的分类特征将被分配索引 0。如果需要按照自定义顺序列出索引，或者将特定分类特征挑选到前面的索引位置，可以通过更改排序顺序的参数实现。StringIndexer()的语法格式如下。

```
from pyspark.ml.feature import StringIndexer
stringIndexer = StringIndexer(inputCol = None, outputCol = None,handleInvalid = 'error')
```

StringIndexer()只能生成操作方法，还需要通过 fit()方法将其应用到指定数据集中，实现数据的计算，并结合 transform()方法实现数据的转换，其语法格式如下。

```
model = stringIndexer.fit(dataset)
outdata = model.transform(df)
```

任务实施

通过 Spark MLib 相关知识的学习，使用 Spark MLib 处理电商产品数据。

第一步：将"phone_detail.csv"数据集上传到 HDFS 文件系统中的"/Edata/input"目录中，命令如下。

```
[root@master ~]# cd /usr/local/inspur/data
[root@master data]# hdfs dfs -put phone_detail.csv /Edata/input
[root@master data]# hdfs dfs -ls /Edata/input
```

结果如图 6-1 所示。

第二步：进入本地文件系统的"/usr/local/inspur/code"目录，并在该目录下创建名为"MR_detail_code"的目录，并在该目录下新建用于对 phone_detail.csv 数据集进行清洗的 MapReduce 程序，命令如下。

```
root@master:/usr/local/inspur/data
[root@master data]# hdfs dfs -put phone_detail.csv /Edata/input
[root@master data]# hdfs dfs -ls /Edata/input
Found 3 items
-rw-r--r--   1 root inspur    3088525 2023-03-17 16:49 /Edata/input/phone_comment.csv
-rw-r--r--   1 root inspur     186772 2023-03-28 10:09 /Edata/input/phone_detail.csv
-rw-r--r--   1 root inspur     108316 2023-03-17 17:06 /Edata/input/phone_list.csv
[root@master data]#
```

图 6-1　上传数据集

```
[root@master data]# cd /usr/local/inspur/code
[root@master code]# mkdir ./MR_detail_code
[root@master code]# cd ./MR_detail_code/
[root@master MR_detail_code]# vim Map.py        #代码如下所示
#!/usr/bin/env python
import sys
import re
for line in sys.stdin:
    try:
        linesp=line.split(',')
        brand=linesp[0]
        cname=linesp[1]
        CId=linesp[2]
        if linesp[3][-2:] == "kg":
            weight=str(float(linesp[3][:-2])*1000)+"g"
        else:
            weight=linesp[3]
        place_of_origin=linesp[4]
        system=linesp[5]
        thickness=linesp[6]
        photo_features=linesp[7]
        battery_capacity=linesp[8]
        screen=linesp[9]
        body_color=linesp[10]
        hotspot=linesp[11]
```

```
            running_memory=linesp[12]
            front_camera_pixel=linesp[13]
            rear_camera_pixels=linesp[14]
            network_configuration=linesp[15]
            fuselage_memory=linesp[16]
        print('%s\t%s\t%s\t%s\t%s\t%s\t%s\t%s\t%s\t%s\t%s\t%s\t%s\t%s\t%s\t%s\t%s' %
(brand,cname,CId,weight,place_of_origin,system,thickness,photo_features,battery_capacity,
screen,body_color,hotspot,running_memory,front_camera_pixel,rear_camera_pixels,network_
configuration,fuselage_memory))
    except Exception   as e:
        pass
[root@master MR_detail_code]# vim Reduce.py #代码如下所示
#!/usr/bin/env python
import sys
for line in sys.stdin:
    line = line.strip()
    if line!='':
        print(line)
```

第三步：执行数据清洗，最后查看结果，命令如下。

```
[root@master MR_detail_code]# hadoop jar /usr/local/inspur/code/hdoop-streaming-
2.7.2.jar -file /usr/local/inspur/code/MR_detail_code/Map.py -mapper Map.py -file /usr/local/inspur/
code/MR_detail_code/Reduce.py -reducer Reduce.py -input /Edata/input/phone_detail.csv
-output /Edata/detail
```

结果如图 6-2 所示。

图 6-2　数据清洗

第四步：进入 Hive 命令行，选择"ProductData"数据库，并在该数据库中使用清洗后的 phone_detail.csv 数据创建名为"phone_detail"的表，命令如下。

```
[root@master MR_detail_code]# hive
hive> USE ProductData;
hive> CREATE EXTERNAL TABLE phone_detail(brand string,cname string, CId string, weight string,place_of_origin string, system string,thickness string, photo_features string, battery_capacity string, screen string, body_color string, hotspot string, running_memory string, front_camera_pixel string, rear_camera_pixels string, network_configuration string, fuselage_memory string) ROW FORMAT DELIMITED FIELDS TERMINATED BY '\t' LOCATION '/Edata/detail';
```

结果如图 6-3 所示。

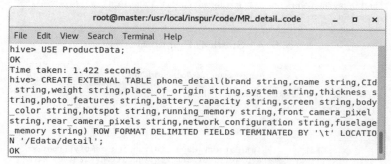

图 6-3 创建"phone_detail"数据表

第五步：退出 Hive 命令提示符窗口后，切换到 Spark 安装目录的 bin 目录，进入 Spark 的 Python 命令环境，命令如下。

```
[root@master MR_detail_code]# cd /usr/local/spark/bin/
[root@master bin]# ./pyspark
```

结果如图 6-4 所示。

第六步：使用 spark.sql() 方法通过 SQL 语句从 Hive 中查询产品参数和销售数据，实现数据的加载，命令如下。

```
>>> spark.sql("USE productdata")
>>> Phoneall=spark.sql("select phone_detail.CId,phone_detail.system,phone_detail.battery_capacity,phone_detail.running_memory,phone_detail.front_camera_pixel,phone_detail.rear_camera_pixels,phone_detail.network_configuration,phone_detail.fuselage_memory,phone_list.price from phone_list,phone_detail WHERE phone_list.CId =phone_detail.CId")
>>> Phoneall.show()
```

结果如图 6-5 所示。

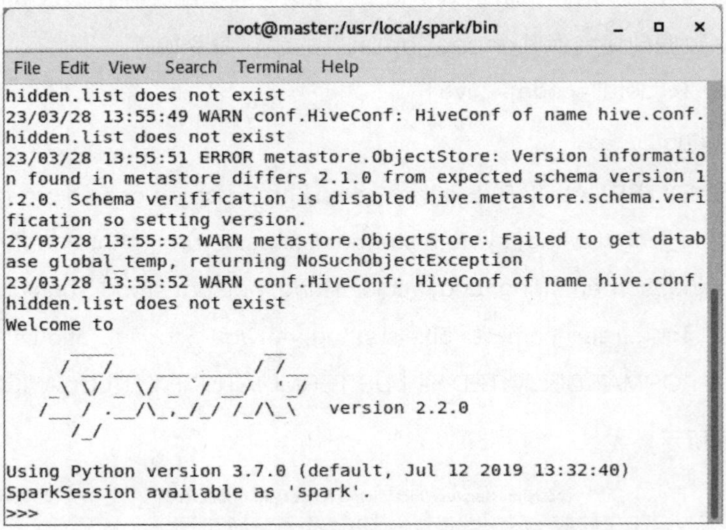

图 6-4　Spark 的 Python 命令环境

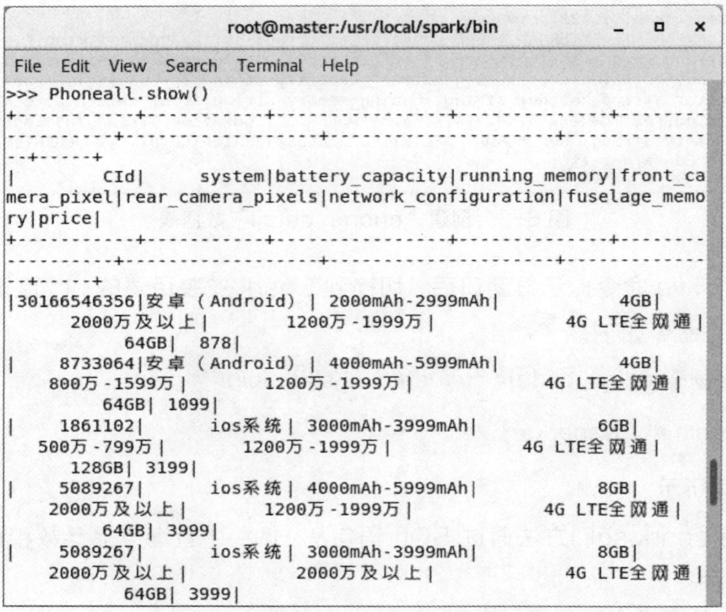

图 6-5　数据加载

第七步：进行描述性分析，查看是否存在缺失数据，命令如下。

>>> Phoneall.describe().toPandas().transpose()

结果如图 6-6 所示。

第八步：数据探索，查看各列数据的数据类型以及列名称，并以树状格式打印，命令如下。

>>> Phoneall.printSchema()

结果如图 6-7 所示。

```
root@master:/usr/local/spark/bin
File  Edit  View  Search  Terminal  Help
>>> Phoneall.describe().toPandas().transpose()
                          0   ...           4
summary               count   ...         max
CId                     164   ...     8895275
system                  164   ...  安卓 (Android)
battery_capacity        164   ...  6000mAh及以上
running_memory          164   ...         8GB
front_camera_pixel      164   ...  800万-1599万
rear_camera_pixels      164   ...    500万以下
network_configuration   164   ...  4G LTE全网通
fuselage_memory         164   ...    支持内存卡
price                   164   ...        6588

[10 rows x 5 columns]
>>>
```

图 6-6　描述性分析

```
root@master:/usr/local/spark/bin
File  Edit  View  Search  Terminal  Help
>>> Phoneall.printSchema()
root
 |-- CId: string (nullable = true)
 |-- system: string (nullable = true)
 |-- battery_capacity: string (nullable = true)
 |-- running_memory: string (nullable = true)
 |-- front_camera_pixel: string (nullable = true)
 |-- rear_camera_pixels: string (nullable = true)
 |-- network_configuration: string (nullable = true)
 |-- fuselage_memory: string (nullable = true)
 |-- price: integer (nullable = true)

>>>
```

图 6-7　数据探索

第九步：通过数据探索可以发现，除 price 列之外，其他的数据类型均为 string，因此需要将其他列进行数值化操作然后生成新列，并将原数据列删除，命令如下。

```
>>> from pyspark.ml.feature import StringIndexer
>>> Phoneall_copy=Phoneall
>>> for i in range(0,len(Phoneall_copy.columns)-1):
...     stringIndexer = StringIndexer(inputCol=Phoneall.columns[i], outputCol = Phoneall.columns[i] + "_copy")   # 数值化每列数据
...     model = stringIndexer.fit(Phoneall)
...     outdata = model.transform(Phoneall)
...     Phoneall=outdata
...
# 删除指定列
>>> Phoneall = Phoneall.drop('CId', 'system', 'battery_capacity', 'running_memory',
```

```
'front_camera_pixel', 'rear_camera_pixels', 'network_configuration', 'fuselage_memory')
    >>> Phoneall.show()
```

结果如图 6-8 所示。

```
root@master:/usr/local/spark/bin
File  Edit  View  Search  Terminal  Help
>>> Phoneall.show()
+-----+-----------+--------------------+-------------------+------------------
----+-------------------+------------------------+---------------------+
|price|system_copy|battery_capacity_copy|running_memory_copy|front_camera_pixel_
copy|rear_camera_pixels_copy|network_configuration_copy|fuselage_memory_copy|
+-----+-----------+--------------------+-------------------+------------------
----+-------------------+------------------------+---------------------+
|  878|        0.0|                 4.0|                2.0|
 1.0|                0.0|                     0.0|                  0.0|
| 1099|        0.0|                 1.0|                2.0|
 0.0|                0.0|                     0.0|                  0.0|
| 3199|        2.0|                 0.0|                0.0|
 2.0|                0.0|                     0.0|                  1.0|
| 3999|        2.0|                 1.0|                3.0|
 1.0|                0.0|                     0.0|                  0.0|
| 3999|        2.0|                 0.0|                3.0|
 1.0|                1.0|                     0.0|                  0.0|
| 5988|        2.0|                 4.0|                3.0|
 0.0|                1.0|                     0.0|                  3.0|
| 2658|        2.0|                 4.0|                1.0|
 2.0|                0.0|                     0.0|                  4.0|
| 5958|        0.0|                 4.0|                1.0|
 2.0|                0.0|                     0.0|                  0.0|
| 6028|        2.0|                 0.0|                3.0|
 2.0|                0.0|                     0.0|                  1.0|
| 1159|        2.0|                 2.0|                1.0|
 4.0|                3.0|                     2.0|                  1.0|
```

图 6-8　数据数值化

第十步：将新生成的多个数据列转换为 DataFrame 中的单个向量列作为特征列，并命名为“features”，命令如下。

```
    >>> from pyspark.ml.feature import VectorAssembler
    # 多列转换
    >>> vectorAssembler = VectorAssembler(inputCols = ['system_copy', 'battery_capacity_
copy', 'running_memory_copy', 'front_camera_pixel_copy', 'rear_camera_pixels_copy',
'network_configuration_copy', 'fuselage_memory_copy'], outputCol = 'features')
    >>> Phoneall_df = vectorAssembler.transform(Phoneall)
    # 获取指定列数据
    >>> Phoneall_df = Phoneall_df.select(['features', 'price'])
    # 获取前三条数据
    >>> Phoneall_df.show(3)
```

结果如图 6-9 所示。

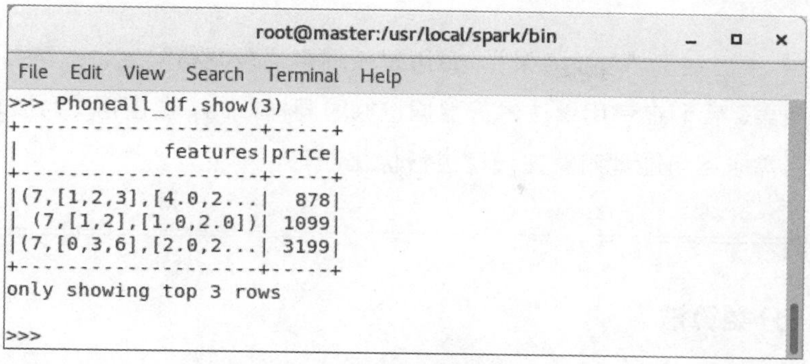

```
root@master:/usr/local/spark/bin
File Edit View Search Terminal Help
>>> Phoneall_df.show(3)
+--------------------+-----+
|            features|price|
+--------------------+-----+
|(7,[1,2,3],[4.0,2...|  878|
| (7,[1,2],[1.0,2.0])| 1099|
|(7,[0,3,6],[2.0,2...| 3199|
+--------------------+-----+
only showing top 3 rows

>>>
```

图 6-9　多列转换

第十一步：将数据按照 7：3 的比例拆分为训练数据和测试数据，命令如下。

```
# 拆分数据
>>> splits = Phoneall_df.randomSplit([0.7, 0.3])
>>> train_df = splits[0]
>>> test_df = splits[1]
# 统计数据行数
>>> train_df.count()
>>> test_df.count()
```

结果如图 6-10 所示。

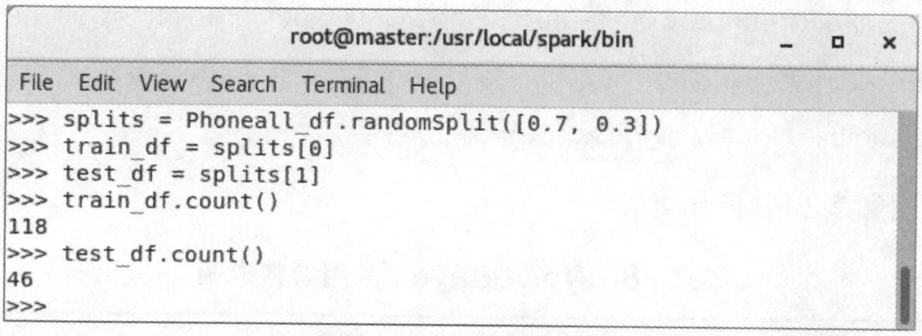

```
root@master:/usr/local/spark/bin
File Edit View Search Terminal Help
>>> splits = Phoneall_df.randomSplit([0.7, 0.3])
>>> train_df = splits[0]
>>> test_df = splits[1]
>>> train_df.count()
118
>>> test_df.count()
46
>>>
```

图 6-10　拆分数据

任务 6-2　使用 Spark MLlib 对电商产品定价

任务描述

本任务主要通过 Spark MLlib 对电商产品数据进行挖掘，实现电商产品价格的制定。在任务的实现过程中，帮助读者熟悉 Spark MLlib 常用算法的使用，包括分类算法、回归算法、推荐算法等，并掌握 Spark MLlib 算法的评估。

素质拓展

《论语·先进》中提到了"过犹不及",意思是任何事情都要有限度,适可而止,过分超过和没达到是一样的效果。我们在使用算法进行数据挖掘时同样如此,要懂得"物极必反,盛极而衰"的道理,只需结合需求尽可能地对算法模型进行优化即可。

任务技能

技能点 1 分类算法

分类(Classification)算法是监督学习中数据分析的一种方式,能够将数据划分为不同的部分和类型并进行分析,从而挖掘出事物的本质,实现更精确的预测和分析,如文本分类、垃圾邮件过滤、信用评级等。目前,常用的分类算法有朴素贝叶斯算法、逻辑回归算法等。

1. 朴素贝叶斯算法

朴素贝叶斯算法的基本思想是根据已知的特征条件和分类标签之间的关系,通过计算后验概率来进行分类。朴素贝叶斯算法简单、易于实现和高效,尤其在处理高维数据和大规模数据集时表现良好。然而,朴素贝叶斯算法的假设可能与实际情况不符,因此在某些领域或问题中,其性能可能会受到限制。

在 Spark MLlib 中,可通过 NaiveBayes 类结合相关参数实现朴素贝叶斯分类模型的构建,语法格式如下。

```
from pyspark.ml.classification import NaiveBayes
model=NaiveBayes(featuresCol='features',labelCol='label',predictionCol='prediction',
probabilityCol='probability',rawPredictionCol='rawPrediction',smoothing=1.0,modelType=
'multinomial', thresholds=None,weightCol=None)
```

常用参数说明如表 6-8 所示。

表 6-8 NaiveBayes 常用参数说明

参数	描述
featuresCol	设置特征列名
labelCol	设置标签列名
predictionCol	设置预测的列名
probabilityCol	设置预测的条件概率列名
rawPredictionCol	原始预测列(又名置信度)
smoothing	平滑参数
modelType	模型类型
thresholds	多类分类中的阈值,用于调整每个类的预测概率
weightCol	权重列

在模型构建完成后,即可通过相关方法实现模型的操作以及模型信息的获取等。朴素贝叶斯模型常用方法如表 6-9 所示。

表 6-9 朴素贝叶斯模型常用方法

方法	描述
fit()	训练模型
transform()	使用训练后的模型预测
getParam()	获取模型参数
save()	将模型保存到指定地址
clear()	从参数映射中清除参数

2. 逻辑回归算法

逻辑回归算法是一种常用的分类算法,通常用于解决二分类问题,通过拟合一个逻辑函数来预测观测样本属于某个类别的概率。逻辑回归的基本思想是将线性回归模型与逻辑函数结合起来。逻辑函数将实数映射到 0~1 的概率值,表示样本属于某个类别的概率。逻辑回归算法在实践中广泛应用于各种领域的分类问题,如金融风控、医学诊断、广告点击率预测等。

在 Spark MLlib 中,逻辑回归算法模型可以使用 LogisticRegression 类结合相关参数构建,语法格式如下。

```
from pyspark.ml.classification import LogisticRegression
model = LogisticRegression(featuresCol= 'features', labelCol = 'label', predictionCol = 'prediction', maxIter = 100, regParam = 0.0, elasticNetParam = 0.0, tol = 1e-06, fitIntercept= True, threshold = 0.5, thresholds = None, probabilityCol = 'probability', rawPredictionCol = 'rawPrediction', standardization = True, weightCol = None, aggregationDepth = 2, family = 'auto')
```

常用参数说明如表 6-10 所示。

表 6-10 LogisticRegression 常用参数说明

参数	描述
featuresCol	设置特征列名
labelCol	设置标签列名
predictionCol	设置预测的列名
maxIter	最大迭代次数
regParam	正则化参数
elasticNetParam	指定 ElasticNet 混合参数来平衡 L1(LASSO 回归)正则化和 L2(岭回归)正则化的影响。当参数为 0 时,仅使用 L2 正则化;当参数为 1 时,仅使用 L1 正则化
tol	迭代算法收敛阈值

续表

参数	描述
fitIntercept	是否拟合一个截距
threshold	二分类阈值
thresholds	多分类中的阈值，用于调整每个类的预测概率
probabilityCol	设置预测的条件概率列名
rawPredictionCol	原始预测列（又名置信度）
standardization	是否在拟合数据之前对数据进行标准化
weightCol	权重列
aggregationDepth	迭代训练时的聚合深度
family	标签分布簇的名称

在模型构建完成后，即可通过相关方法或属性实现模型的操作以及模型信息的获取等。逻辑回归模型常用方法或属性如表 6-11 所示。

表 6-11　逻辑回归模型常用方法或属性

方法或属性	描述
fit(dataset)	训练模型
transform(dataset)	使用训练后的模型预测
evaluate(dataset)	在测试集上评估模型
coefficientMatrix	模型的系数矩阵
coefficients	模型系数
intercept	模型截距
interceptVector	多变量 Logistic 模型截距
predictions	输出的预测数据框
probabilityCol	给出每个类的概率
areaUnderROC	计算 AUC
fMeasureByTreshold	返回带有阈值、F-Score 两字段的数据框
pr	返回精确率、召回率两字段的数据框
precisionByTreshold	返回带有阈值、精确率两字段的数据框
recallByTreshold	返回带有阈值、召回率两字段的数据框
roc	返回带有假正率、召回率两字段的数据框

技能点 2　回归算法

回归算法是一类用于建立和训练预测模型的机器学习算法，主要用于解决回归问题。回归问题是指根据输入的特征变量预测一个连续的目标变量。回归算法的运用十分广泛，如价格预测、疾病预测等。上文提到的逻辑回归就是一种回归算法。

线性回归（Linear Regression）算法是最简单和最常用的回归算法之一，它建立一个线性模型来描述特征变量与目标变量之间的关系。

在 Spark MLlib 中，可以使用 LinearRegression 类构建线性回归模型。该类位于 pyspark.ml.regression 模块中，语法格式如下。

```
from pyspark.ml.regression import LinearRegression

model = LinearRegression(featuresCol= 'features', labelCol = 'label', predictionCol = 'prediction', maxIter = 100, regParam = 0.0, elasticNetParam = 0.0, tol = 1e-06, fitIntercept= True, threshold = 0.5, thresholds = None, standardization = True, solver = 'auto', weightCol = None, aggregationDepth = 2, loss = 'squaredError', epsilon = 1.35, maxBlockSizeInMB = 0.0)
```

常用参数说明如表 6-12 所示（与前文有些重复的参数不再描述）。

表 6-12　LinearRegression 常用参数说明

参数	描述
solver	优化方式
loss	损失函数
epsilon	用于控制鲁棒性的形状参数
maxBlockSizeInMB	最大内存（以 MB 为单位），用于将输入数据堆叠到块中

在模型构建完成后，同样需要通过相关方法或属性实现模型的操作以及模型信息的获取等。线性回归算法常用方法或属性如表 6-13 所示。

表 6-13　线性回归模型常用方法或属性

方法或属性	描述
fit(dataset)	训练模型
transform(dataset)	使用训练后的模型预测
evaluate(dataset)	在测试集上评估模型
coefficients	模型系数
intercept	模型截距
numFeatures	训练模型的特征个数
coefficientStandardErrors	估计系数和截距的标准误

续表

方法或属性	描述
devianceResiduals	加权残差
explainedVariance	返回解释方差回归得分
pValues	系数和截距的双边 P 值
predictions	输出的预测数据框
residuals	残差
tValues	T 统计量
totalIterations	结束前总迭代次数
rootMeanSquaredError	均方根误差
r2	R2 指标
meanSquaredError	均方误差
meanAbsoluteError	平均绝对误差

技能点 3　推荐算法

除分类算法和回归算法等常见算法外，Spark MLlib 还提供了推荐算法，可以实现根据用户的个人喜好等信息为用户推荐内容。目前，Spark MLlib 中比较常用的推荐算法是交替最小二乘（Alternating Least Square，ALS）算法，是一种使用交替最小二乘法求解的协同推荐算法，主要通过观察用户给产品的打分推断用户喜好，并向用户推荐适合产品。

在 Spark MLlib 中可以从 pyspark.ml.recommendation 引入 ALS 类并结合参数的设置实现推荐模型的构建，语法格式如下。

```
from pyspark.ml.recommendation import ALS
model=ALS(rank=10, maxIte=10, regParam=0.1, numUserBlocks=10, numItemBlocks =10, implicitPrefs=False, alpha=1.0, userCol='user', itemCol='item', seed=None, ratingCol ='rating', nonnegative=False, checkpointInterval=10, blockSize=4096)
```

ALS 参数说明如表 6-14 所示。

表 6-14　ALS 参数说明

参数	描述
rank	模型中潜在因素的数量
maxIter	最大迭代次数
regParam	正则化参数

续表

参数	描述
numUserBlocks	用户分区数量
numItemBlocks	商品分区数量
implicitPrefs	指定使用显式反馈数据还是隐式反馈数据进行推荐
alpha	用户对商品偏好的可信度
userCol	用户列
itemCol	商品列
seed	加载矩阵的随机数
ratingCol	评分列
nonnegative	商品推荐分数是否是非负的
checkpointInterval	指定检查点间隔
blockSize	块的大小

Spark MLlib 为推荐模型的使用提供了多个方法和属性，可以预测用户对商品的评分、为用户推荐商品等。推荐模型的常用方法或属性如表 6-15 所示。

表 6-15 推荐模型的常用方法或属性

方法或属性	描述
fit(dataset)	训练模型
transform(dataset)	使用训练后的模型预测
recommendForItemSubset(dataset, n)	对指定物品推荐前 n 个用户
recommendForUserSubset(dataset, n)	对指定用户推荐前 n 个商品
recommendForAllItems(n)	对所有物品推荐前 n 个用户
recommendForAllUsers(n)	对所有用户推荐前 n 个商品
rank	获取模型中潜在因素的数量
userFactors	获取用户向量
itemFactors	获取商品向量

技能点 4 算法评估

算法评估是数据挖掘过程中非常重要的一步。算法评估可用于比较不同算法之间的性能差异，而且能够在进行模型参数的调整时，确定模型是否过度拟合训练数据或存在未能充分拟合数据的情况，以提高后期数据挖掘的准确率。目前，较为常用的算法评估有分类算法评估、回归算法评估等。

1. 分类算法评估

顾名思义，分类算法评估主要用于对分类算法生成的模型进行评估，返回受试者工作特征（Receiver Operating Characteristic，ROC）曲线下的面积以及精确率-召回率（Precision-Recall，PR）曲线下的面积等，可通过 pyspark.ml.evaluation 下的 BinaryClassificationEvaluator 类实现，语法格式如下。

```
from pyspark.ml.evaluation import BinaryClassificationEvaluator
evaluator = BinaryClassificationEvaluator(rawPredictionCol = 'rawPrediction', labelCol = 'label', metricName = 'areaUnderROC', weightCol = None, numBins = 1000)
```

参数说明如表 6-16 所示。

表 6-16 BinaryClassificationEvaluator 参数说明

参数	描述
rawPredictionCol	原始预测列
labelCol	标签列
metricName	评估方式，可选值如下： • areaUnderROC：ROC 曲线下的面积 • areaUnderPR：PR 曲线下的面积
weightCol	权重列
numBins	面积计算中对曲线（ROC 曲线、PR 曲线）进行下采样的箱数，如果为 0，则不会下采样

除了在生成 BinaryClassificationEvaluator 对象时设置评估方式外，还可以在生成该对象后，通过 evaluate() 方法实现算法的评估，语法格式如下。

```
evaluator.evaluate(dataset, {evaluator.metricName: None})
```

2. 回归算法评估

与分类算法评估一样，回归算法评估可通过 pyspark.ml.evaluation 下的 RegressionEvaluator 类实现，参数包含预测列、标签列、权重列等，语法格式如下。

```
from pyspark.ml.evaluation import RegressionEvaluator
evaluator=RegressionEvaluator(predictionCol='prediction', labelCol = 'label', metricName = 'rmse', weightCol = None, throughOrigin = False)
```

常用参数说明如表 6-17 所示。

表 6-17 RegressionEvaluator 常用参数说明

参数	描述
predictionCol	预测列
labelCol	标签列

续表

参数	描述
metricName	评估方式，可选值如下： • rmse：均方根误差，默认值 • mse：均方误差 • r2：R2 指标 • mae：平均绝对误差
weightCol	权重列
throughOrigin	回归是否通过原点

与分类算法评估相同，RegressionEvaluator 对象同样需要通过 evaluate()方法实现算法的评估，语法格式如下。

```
evaluator.evaluate(dataset, {evaluator.metricName: None})
```

任务实施

通过构建线性回归模型并对其进行训练，对数据进行分析后确定合适的商品定价，具体步骤如下。

第一步：设置最大迭代次数为 10，正则化参数为 0.3，ElasticNet 混合参数为 0.8，构建线性回归模型并训练，命令如下。

```
>>> from pyspark.ml.regression import LinearRegression
>>> lr = LinearRegression(featuresCol = 'features', labelCol='price', maxIter=10, regParam=0.3, elasticNetParam=0.8)
>>> lr_model = lr.fit(train_df)
# 模型截距
>>> print("Intercept: " + str(lr_model.intercept))
# 模型系数
>>> print("Coefficients: " + str(lr_model.coefficients))
```

结果如图 6-11 所示。

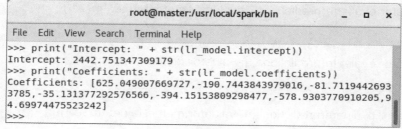

图 6-11　构建并训练模型

第二步：使用训练好的线性回归模型对测试数据进行预测，命令如下。

```
>>> predictions = lr_model.transform(test_df)
>>> predictions.select("prediction","features").show()
```

结果如图 6-12 所示。

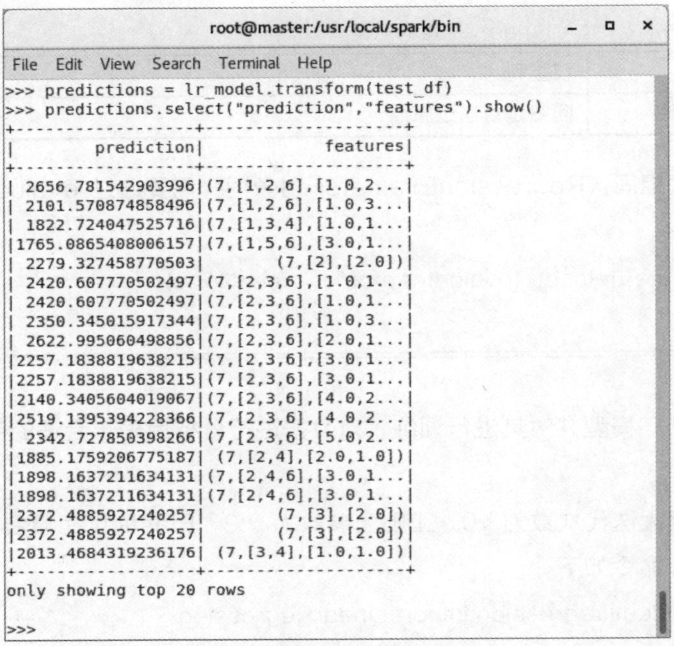

```
root@master:/usr/local/spark/bin
File  Edit  View  Search  Terminal  Help
>>> predictions = lr_model.transform(test_df)
>>> predictions.select("prediction","features").show()
+------------------+--------------------+
|        prediction|            features|
+------------------+--------------------+
| 2656.781542903996|(7,[1,2,6],[1.0,2...|
| 2101.570874858496|(7,[1,2,6],[1.0,3...|
| 1822.724047525716|(7,[1,3,4],[1.0,1...|
|1765.0865408006157|(7,[1,5,6],[3.0,1...|
| 2279.327458770503|     (7,[2],[2.0])|
| 2420.607770502497|(7,[2,3,6],[1.0,1...|
| 2420.607770502497|(7,[2,3,6],[1.0,1...|
| 2350.345015917344|(7,[2,3,6],[1.0,3...|
| 2622.995060498856|(7,[2,3,6],[2.0,1...|
|2257.1838819638215|(7,[2,3,6],[3.0,1...|
|2257.1838819638215|(7,[2,3,6],[3.0,1...|
|2140.3405604019067|(7,[2,3,6],[4.0,2...|
|2519.1395394228366|(7,[2,3,6],[4.0,2...|
| 2342.727850398266|(7,[2,3,6],[5.0,2...|
|1885.1759206775187| (7,[2,4],[2.0,1.0])|
|1898.1637211634131|(7,[2,4,6],[3.0,1...|
|1898.1637211634131|(7,[2,4,6],[3.0,1...|
|2372.4885927240257|       (7,[3],[2.0])|
|2372.4885927240257|       (7,[3],[2.0])|
|2013.4684319236176| (7,[3,4],[1.0,1.0])|
+------------------+--------------------+
only showing top 20 rows

>>>
```

图 6-12　数据预测

第三步：使用 RegressionEvaluator 类来评估回归模型的性能，命令如下。

```
>>> from pyspark.ml.evaluation import RegressionEvaluator
# 创建 RegressionEvaluator 对象，指定预测列和标签列
>>> evaluator = RegressionEvaluator(predictionCol="prediction",labelCol="price")
# 均方根误差
>>> evaluator.evaluate(predictions, {evaluator.metricName: "rmse"})
# 均方误差
>>> evaluator.evaluate(predictions, {evaluator.metricName: "mse"})
# R2 指标
>>> evaluator.evaluate(predictions, {evaluator.metricName: "r2"})
# 平均绝对误差
>>> evaluator.evaluate(predictions, {evaluator.metricName: "mae"})
```

结果如图 6-13 所示。

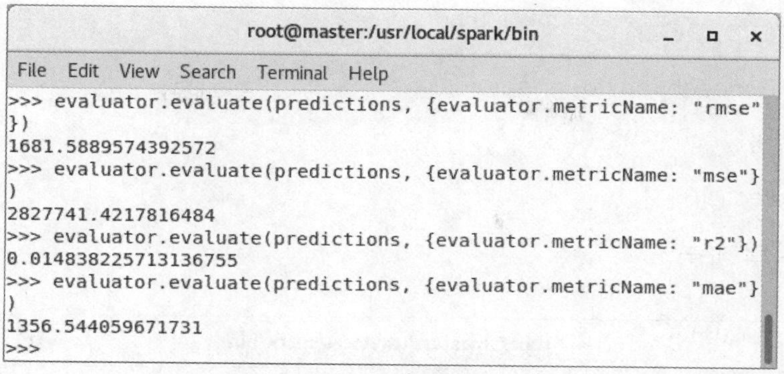

```
root@master:/usr/local/spark/bin
File  Edit  View  Search  Terminal  Help
>>> evaluator.evaluate(predictions, {evaluator.metricName: "rmse"
})
1681.5889574392572
>>> evaluator.evaluate(predictions, {evaluator.metricName: "mse"}
)
2827741.4217816484
>>> evaluator.evaluate(predictions, {evaluator.metricName: "r2"})
0.014838225713136755
>>> evaluator.evaluate(predictions, {evaluator.metricName: "mae"}
)
1356.544059671731
>>>
```

图 6-13　模型评估

第四步：自定义数据，并在格式化操作后使用新特征列进行商品价格的预测，命令如下。

```
# 自定义数据
>>> value = [('安卓（Android）','2000mAh-2999mAh','4GB','2000 万及以上','1200 万-1999 万','4G LTE 全网通','64GB')]
>>> df = spark.createDataFrame(value, ["system", "battery_capacity", "running_memory", "front_camera_pixel", "rear_camera_pixels", "network_configuration", "fuselage_memory"])
# 数据数值化
>>> df_copy=df
>>> for i in range(0,len(df_copy.columns)):
...     stringIndexer=StringIndexer(inputCol=df.columns[i], outputCol=df.columns[i]+"_copy")
...     model = stringIndexer.fit(df)
...     outdata = model.transform(df)
...     df=outdata
# 删除无效列
>>> df = df.drop('system', 'battery_capacity', 'running_memory', 'front_camera_pixel', 'rear_camera_pixels', 'network_configuration', 'fuselage_memory')
# 多列转换特征向量列
>>> vectorAssembler = VectorAssembler(inputCols = ['system_copy', 'battery_capacity_copy', 'running_memory_copy', 'front_camera_pixel_copy', 'rear_camera_pixels_copy', 'network_configuration_copy', 'fuselage_memory_copy'], outputCol = 'features')
>>> df = vectorAssembler.transform(df)
# 获取特征向量列
>>> features=df.select(['features'])
```

```
# 使用线性回归模型预测价格
>>> price = lr_model.transform(features)
# 获取产品价格
>>> price.collect()[0][1]
```

结果如图 6-14 所示。

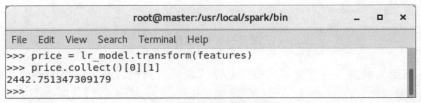

图 6-14　商品定价结果

项目小结

本项目通过对电商产品数据挖掘的实现，使读者对 Spark MLlib 的概念、数据类型的定义有了初步了解，对 Spark MLlib 特征提取、数据处理以及常用算法有所了解并掌握，并能够通过所学知识实现电商产品的定价。

课后习题

1. 选择题

（1）Spark MLlib 的数据类型不包括（　　）。
　　A. Matrix　　　B. Local Vector　　C. Labeled Point　　D. Local Matrix

（2）word2Vec 中用于设置分区数的方法是（　　）。
　　A. setLearningRate()　　　　　　B. setMinCount()
　　C. setNumIterations()　　　　　　D. setNumPartitions()

（3）以下不属于逻辑回归算法可用参数的是（　　）。
　　A. iterations　　B. labelCol　　C. regParam　　D. elasticNetParam

（4）Spark MLlib 中，（　　）算法是一种使用交替最小二乘法求解的协同推荐算法，主要通过观察用户给产品的打分推断用户喜好，并向用户推荐适合产品。
　　A. BinaryClassificationMetrics　　　B. LogisticRegressionWithLBFGS
　　C. ALS　　　　　　　　　　　　　　D. LinearRegressionWithSGD

（5）回归算法评估中，（　　）属性用于查看平均绝对误差。
　　A. explainedVariance　　　　　　B. meanAbsoluteError
　　C. meanSquaredError　　　　　　D. rootMeanSquaredError

2. 判断题

（1）Spark MLlib 从功能上说与 Scikit-Learn 等机器学习库类似，区别在于 MLlib 采用 Spark 作为计算引擎使计算过程实现了分布式。（   ）

（2）Spark 使用的是基于内存的计算模型，其中包括 map() 函数作为核心操作之一。（   ）

（3）本地向量会保存到单机中，其拥有整型、从 0 开始的索引值以及浮点型的元素值。（   ）

（4）Spark MLlib 中使用 TF-IDF 作为文本特征提取算法，主要用于将文档数据转换为局部向量。（   ）

（5）朴素贝叶斯是一种多分类算法，多用于文本类型数据的分类。（   ）

3. 简答题

（1）简述 Spark MLlib 由哪几部分组成。

（2）简述 Spark MLlib 的优势。

自我评价

查看自己通过学习本项目是否掌握了以下技能，在表 6-18 中标出相应的掌握程度。

表 6-18　技能检测表

评价标准	个人评价	小组评价	教师评价
具备处理数据的能力			
具备使用算法挖掘数据的能力			

备注：A. 具备　　B. 基本具备　　C. 部分具备　　D. 不具备

项目7
电商产品数据迁移

项目导言

在大数据技术兴起前,诸多企业的数据存储业务均交由关系数据库处理;大数据技术兴起后,很多企业的数据处理业务都在向大数据技术转型,有大量的数据需要进行迁移。早期由于工具的缺乏,数据迁移非常困难,Sqoop 的出现使得数据迁移问题得以解决。本项目将应用 Sqoop 组件完成电商产品数据的迁移。

项目导图

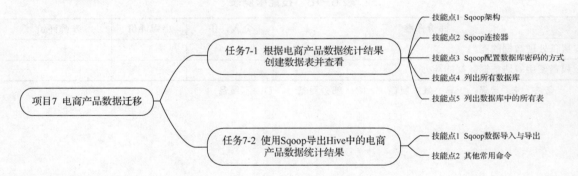

知识目标

- ➢ 了解 Sqoop 的相关知识。
- ➢ 熟悉 Sqoop 中的常用连接器。
- ➢ 熟悉 Sqoop 中配置数据库密码的方式。
- ➢ 掌握 Sqoop 数据的导入与导出。
- ➢ 具有实现数据迁移的能力。

技能目标

- ➢ 能够实现 Sqoop 中数据库密码的配置。

> 掌握 Sqoop 命令的使用。
> 能够实现数据导入与导出功能。
> 能够应用 Sqoop 将 HDFS 中的数据迁移到 MySQL 数据库。

素养目标

> 了解数据迁移的重要性，提高数据安全意识。
> 主动思考数据迁移过程中可能出现的风险和问题，培养提前做好预防和应对措施的职业素养。

任务 7-1　根据电商产品数据统计结果创建数据表并查看

任务描述

Sqoop 是一款用于在 Hadoop 或 Hive 与传统数据库之间进行数据传递的开源工具，可以将一个关系数据库（如 MySQL、Oracle、PostgreSQL 等）中的数据导入 HDFS 中，也可以将 HDFS 中的数据导出到关系数据库中。本任务主要通过 Sqoop 基础命令实现 MySQL 数据库的连接及查看。在任务的实现过程中，帮助读者掌握 Sqoop 基础命令的使用方法。

素质拓展

数据在体现和创造价值的同时，也面临着严峻的安全风险，一方面数据流动打破安全管理边界，导致数据管理主体风险控制力减弱；另一方面因数据资源具有价值，引发数据安全威胁持续蔓延，数据窃取、泄露、滥用等事件频发。因此，我们应做到知法守法，认真履行有关数据安全风险控制的义务和职责，增强数据安全可控意识，共同维护国家数据安全。

任务技能

技能点 1　Sqoop 架构

Sqoop 最早出现于 2009 年，是一款开源工具，作为 Hadoop 的一个第三方模块存在。Sqoop 主要用于 Hadoop 和关系数据库（如 MySQL、Oracle 等）之间数据的传递，能够将数据从关系数据库导入 HDFS 中，或者从 HDFS 中导出到关系数据库，解决了传统数据库和 Hadoop 之间的数据迁移问题。后来为了提高使用效率和版本迭代，它成为 Apache 的一个独立项目。

微课 7-1　Sqoop 架构及连接器

随着 Sqoop 的不断发展进步，其一共经历了两个大版本，分别是 Sqoop 1（1.4.x 之后的版本）和 Sqoop 2（1.99.0 之后的版本），需要注意的是 Sqoop 1 和 Sqoop 2 完全不兼容。

（1）Sqoop 1 架构

Sqoop 1 主要由 Sqoop client、HDFS/HBase/Hive、Database 这 3 部分组成，使用单个 Sqoop 客户端，架构部署简单，在收到 Shell 命令或者 Java API 命令后，通过任务翻译器将其转换为一个基于 Map Task 的 MapReduce 作业并运行在 Hadoop 集群环境上，然后即可在关系数据库和 Hadoop 之间进行数据的相互转移，实现数据的并发复制和传输，大大提高效率。Sqoop 1 架构如图 7-1 所示。

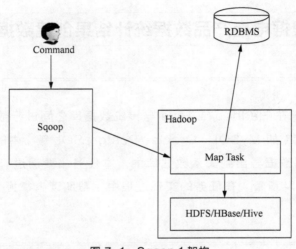

图 7-1 Sqoop 1 架构

其中，Map Task 会访问数据库的元数据信息，通过并行的 Map Task 将数据库的数据读取出来，然后导入 Hadoop 中；也可以将 Hadoop 中的数据导出到传统的关系数据库中。

需要注意的是，Sqoop 1 的架构部署简单，安装需要 root 权限，并且 MapReduce 作业中只有 Map，没有 Reduce。除此之外，Sqoop 1 还存在一些其他问题，具体如下。

- 命令行的操作方式容易出错。
- 数据格式与数据传输的紧耦合导致连接器（Connector）无法支持所有数据类型。
- 安全机制不够完善，用户名和密码容易暴露。

（2）Sqoop 2 架构

相对于 Sqoop 1，Sqoop 2 引入了 Sqoop Server 来集中管理 Connector。Sqoop Server 支持 REST API、Java API、Web UI 以及 CLI 控制台等多种交互方式，并引入了安全机制。Sqoop 2 架构如图 7-2 所示。

Sqoop 2 的架构稍显复杂，配置部署烦琐，并且 Sqoop 2 中的 MapReduce 作业既有 Map 也有 Reduce。

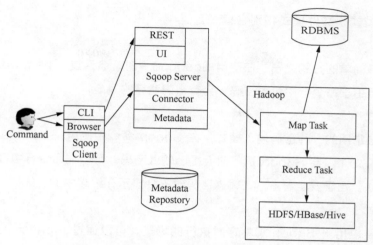

图 7-2　Sqoop 2 架构

技能点 2　Sqoop 连接器

在 Sqoop 中，连接器是基于 Sqoop 的一种可扩展、插件化组件，能够添加到任何当前存在的 Sqoop 中，可以连接拥有优化导入和导出基础设施的外部系统或者不支持本地 JDBC 的数据库。

目前，Sqoop 不仅支持 MySQL、Oracle、PostgreSQL、SQL Server、DB2 等多种连接器，而且还支持 MySQL 和 PostgreSQL 数据库的快速路径连接器（专门连接器，用于实现批次传输数据的高吞吐量），能够实现数据在 Hadoop 和连接器支持的外部数据库之间进行高效的传输。

另外，Sqoop 还提供对 JDBC 连接器的支持，用于将 HDFS 中的数据导出到任何支持 JDBC 的数据库，但只有一小部分数据库经过了 Sqoop 的官方测试，如表 7-1 所示。

表 7-1　与 Sqoop 交互的数据库

数据库	版本	是否直接支持	连接字符串
HSQLDB	1.8.0+	否	jdbc:hsqldb:*//
MySQL	5.0+	是	jdbc:mysql:*//
Oracle	10.2.0+	否	jdbc:oracle:*//
PostgreSQL	8.3+	是	jdbc:postgresql://

除了上述的内置连接器外，许多公司开发了自己的连接器并插入 Sqoop 中，从专门的企业数据库连接到 NoSQL 数据库。

技能点 3　Sqoop 配置数据库密码的方式

在使用 Sqoop 将 HDFS 中的数据导出到关系数据库中时，需要提供关系数据库的访问密码。目前，Sqoop 共支持 4 种输入密码的模式，分别是

微课 7-2　Sqoop 配置数据库密码的方式

明文模式、交互模式、文件模式和别名模式。

（1）明文模式

明文模式是最简单的方式之一，在使用 Sqoop 命令时，会通过--password 参数将密码直接写入命令中，但由于命令行中包含密码，会有密码泄露的风险。

（2）交互模式

交互模式是最常用的一种密码输入模式，在 Sqoop 命令中使用--options-file 参数可以指定包含密码的配置文件。当 Sqoop 运行时会提示输入密码，可以在命令行中直接输入密码，然后按 Enter 键确认。出于安全考虑，在输入密码时不会显示在终端中。

（3）文件模式

文件模式主要应用于 Sqoop 脚本定时执行的场景，可以通过--password-file 参数读取文件中存储的密码实现数据库的访问。需要注意的是，在创建密码保存文件时，由于 Vim 会在密码后加一个换行符，提交后会导致访问失败，因此需要通过"echo -n"命令避免换行符的出现。

与交互模式相比，文件模式不需要手动输入密码，并且比明文模式更安全，但由于密码在文件中同样是以明文的方式存在，因此依然存在密码泄露的风险。

（4）别名模式

别名模式是目前最安全的一种模式，解决了文件模式中使用明文保存密码的问题。别名模式通过 Hadoop 的"credential"命令在 keystore 中创建密码以及密码别名并将其以乱码形式存储在指定文件中，语法格式如下。

```
hadoop credential create pwd.alias -provider jceks://hdfs/user/password/pwd.jceks
```

其中，HDFS 的/user/password/路径下的 pwd.jceks 文件即密码所在文件，而 pwd.alias 文件则是密码别名所在的文件。之后只需通过--password-alias 参数读取密码别名文件即可完成访问。

技能点 4　列出所有数据库

在 Sqoop 中，可以使用"list-databases"命令查看关系数据库中全部的数据库名称并返回。在使用时，只需对通用参数进行设置即可连接数据库并返回数据库名称，语法格式如下。

```
sqoop list-databases <通用参数>
```

例如，指定账户和密码连接 MySQL 数据库查看全部数据库名称，命令如下。

```
[root@master ~]# sqoop list-databases --connect jdbc:mysql://localhost:3306/ --username root --password 123456
```

结果如图 7-3 所示。

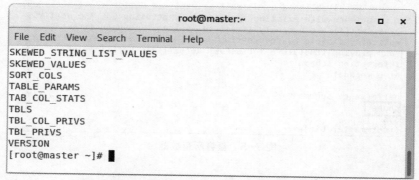

图 7-3 使用 Sqoop 查看 MySQL 中的数据库

技能点 5 列出数据库中的所有表

在数据库查看完成后，Sqoop 还提供了一个 "list-tables" 命令，能够查看某个数据库中存在的所有表，与 "list-databases" 命令的使用方法基本相同，语法格式如下。

```
sqoop list-tables <通用参数>
```

例如，使用 list-tables 命令查看 MySQL 下的 hive_metadata 数据库中的所有表，命令如下。

```
[root@master ~]# sqoop list-tables --connect jdbc:mysql://localhost:3306/hive_metadata --username root --password 123456
```

结果如图 7-4 所示。

图 7-4 查看 hive_metadata 数据库中的所有表

任务实施

利用 Sqoop 基础命令，使用 Sqoop 连接 MySQL 数据库，并对数据库进行操作。

第一步：进入 Sqoop 安装目录的 bin 目录，通过 Sqoop 的明文模式连接 MySQL 数据库，之后查看 MySQL 中包含的所有数据库，命令如下。

微课 7-3 任务实施

[root@master ~]# cd /usr/local/sqoop/bin/

[root@master bin]# sqoop list-databases --connect jdbc:mysql://localhost:3306/ --username root --password 123456

结果如图 7-5 所示。

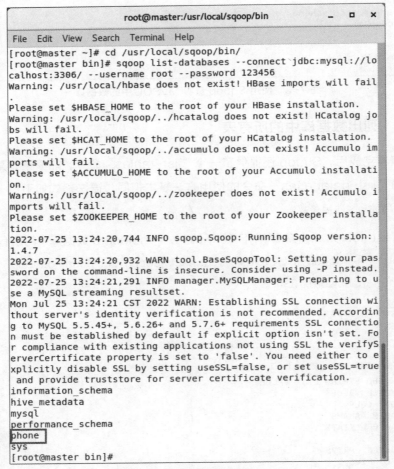

图 7-5　查看所有数据库

第二步：连接 MySQL 数据库，进入 phone 数据库，分别创建 participle、phonelevelsale、impression、phone_level_sale 以及 turnover 数据表，命令如下。

[root@master bin]# mysql –u root -p

Enter password:123456

mysql> use phone;

mysql> create table participle (participle varchar(255),count int);

mysql> create table phonelevelsale (level varchar(255),count int);

mysql> create table impression (score varchar(255),count int);

mysql> create table phone_level_sale (cname varchar(255),count int);

mysql> create table turnover (years varchar(255),count int);

mysql> exit;

结果如图 7-6 所示。

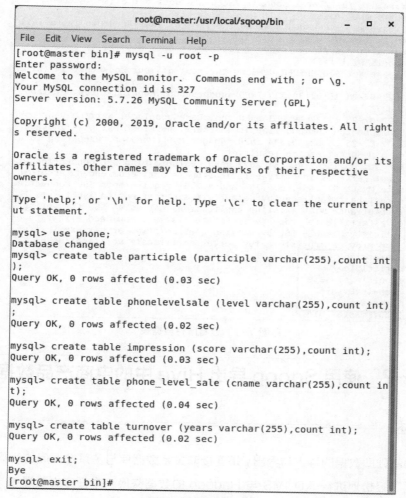

图 7-6　创建数据表

第三步：使用"list-tables"命令查看 phone 数据库中的所有表，验证表是否创建成功，命令如下。

[root@master bin]# sqoop list-tables --connect jdbc:mysql://localhost:3306/phone --username root --password 123456

结果如图 7-7 所示。

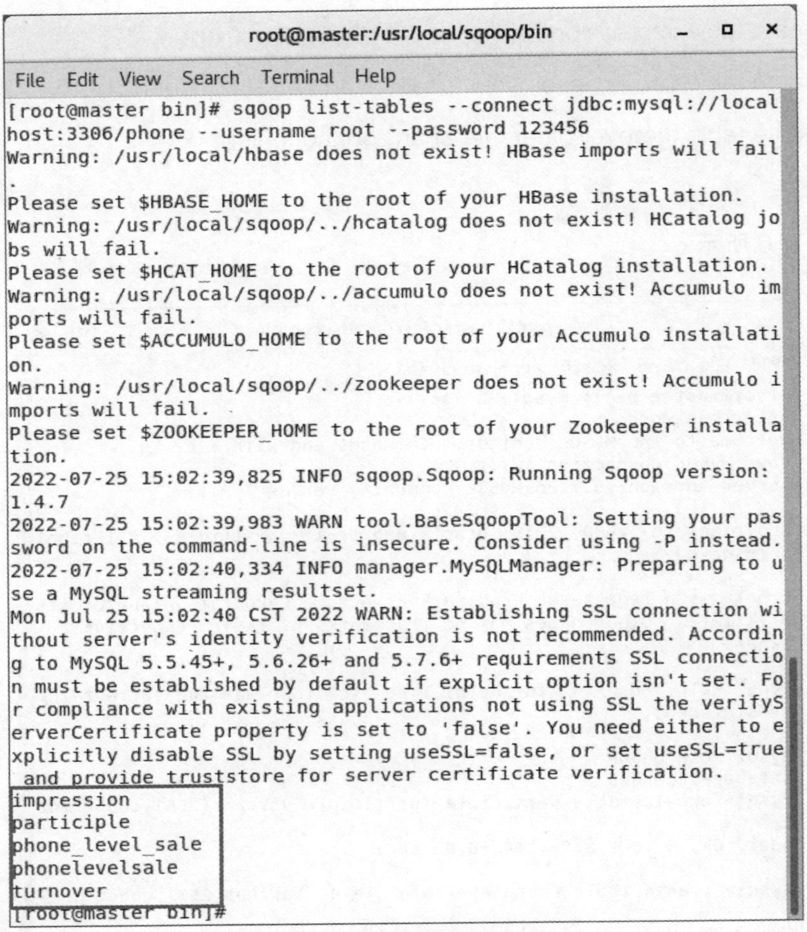

图 7-7 查看所有数据表

任务 7-2 使用 Sqoop 导出 Hive 中的电商产品数据统计结果

任务描述

Sqoop 的基础即数据的导入与导出，是连接非关系数据库与关系数据库的桥梁，用户可以在 Sqoop 的协助下轻松地进行 RDBMS 与 Hadoop 的数据交换。本任务主要通过 Sqoop 数据导入与导出命令实现数据的迁移操作。在任务的实现过程中，帮助读者了解 Sqoop 数据导入与导出的实现原理，并练习 Sqoop 其他常用命令，掌握 Sqoop 数据导入与导出操作。

素质拓展

在使用 Hadoop 进行大数据分析的过程中，单纯地使用某个组件并不能很好地实现分析功能，而通过不同组件的相互配合即可实现相应功能。俗话说："众人拾柴火焰高。"任何事业的成功，都离不开团结协作，都需要群策群力、同心同德，才能发挥集体智慧。

任务技能

技能点 1　Sqoop 数据导入与导出

1. 数据导入

在使用 Sqoop 进行数据导入时，Sqoop 会对数据表以及表中的列和数据类型进行检查，之后 Sqoop 代码生成器通过这些信息来创建对应表的类，用于保存从表中抽取的记录。在默认情况下，导入完成的数据是以逗号分隔的，如果数据中包含空格则需要重新指定其他符号作为分隔符。数据导入流程如图 7-8 所示。

微课 7-4　Sqoop 数据导入

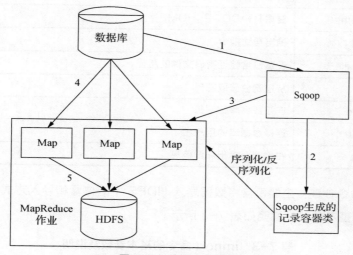

图 7-8　数据导入流程

数据导入的具体过程如下。

第一步：Sqoop 通过 JDBC 读取导入的数据表的结构。

第二步：映射数据类型为 Java 的数据类型，如 varchar、number 等被映射成 String、int 等，并根据数据表信息生成序列化类提交到 Hadoop。

第三步：启动 MapReduce 作业，读取数据并切分数据，然后创建 Map 并将关系数据库中的数据设置为 key-value 形式交由 Map。

第四步：在载入过程中启动作业，并通过 JDBC 读取数据表中的内容后，使用 Sqoop 生成的列执行反序列化操作。

第五步：使用 Sqoop 类进行反序列化，并将记录写入 HDFS。

目前在 Sqoop 中，数据导入通过 import 命令实现，能够将关系数据库中的数据导入 HDFS 中，便于使用大数据技术对数据进行分析。import 命令不仅可以将数据追加到 HDFS 中已存在的数据集，还可以将数据导入普通文件中。使用 import 命令的语法格式如下。

sqoop import <通用参数> <import 命令参数>

具体说明如下。

（1）通用参数：指主要针对关系数据库连接的一些参数，如 JDBC 或数据库账户、密码等。Sqoop 的通用参数如表 7-2 所示。

表 7-2　Sqoop 的通用参数

参数	描述
--connect	连接关系数据库的 URL
--connection-manager	指定要使用的连接管理类
--driver	Hadoop 根目录
--hadoop-home	复写 $HADOOP_HOME
--help	输出帮助指令
--password-file	设置包含验证密码文件的路径
-P	从控制台读取密码
--password	连接数据库的密码
--username	连接数据库的用户名
--verbose	在控制台输出详细信息

（2）import 命令参数：主要包含将数据导入 HDFS 中的位置和导入方式以及其他导入的配置。import 命令的基本参数及说明如表 7-3 所示。

表 7-3　import 命令的基本参数及说明

参数	描述
--append	将数据追加到 HDFS 中的一个已经存在的数据集中
--as-avrodatafile	将数据导入 Avro 数据文件
--as-sequencefile	将数据导入 SequenceFile
--as-textfile	将数据导入普通文本文件（默认）
--columns	指定要导入的字段，多个字段通过","连接
--delete-target-dir	如果指定目录存在，则先将其删除
--direct	如果数据库存在，请使用直接连接器
--fetch-size	一次要从数据库读取的条目数
--inline-lob-limit<n>	设置内联的 LOB 对象的大小
-m,--num-mappers<n>	使用 m 个 Map Task 并行导入数据
--e,--query	导入的查询语句
--split-by	指定按照哪个列去分割数据

续表

参数	描述
--table	导入的原表表名
--target-dir	导入 HDFS 的目标路径
--warehouse-dir	HDFS 存放表的根路径
--where	导出时所使用的查询条件
--z,--compress	启用压缩
--compression-code	指定 Hadoop 的压缩编码类
--null-string	字符串列中值为空时写入的内容
--null-non-string	非字符串列中值为空时写入的字符串

2. 数据导出

Sqoop 会根据数据库连接字符串来选择导出方法，对大部分系统来说，Sqoop 常采用 JDBC 方式将 HDFS 中的数据导出到关系数据库中。Sqoop 在数据导出时会定义一个用于从文本文件中解析记录的 Java 类，然后启动一个 MapReduce 作业从 HDFS 读取数据文件，并使用生成的 Java 类对其进行解析，这时 JDBC 会产生一批插入语句，每条语句都会向数据库中插入多条记录。数据导出流程如图 7-9 所示。

微课 7-5　Sqoop 数据导出

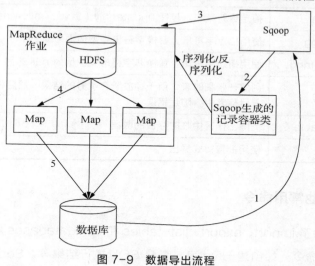

图 7-9　数据导出流程

数据导出的具体过程如下。

第一步：Sqoop 通过 JDBC 访问关系数据库，获取数据库表的元数据信息。

第二步：根据获取的元数据信息，Sqoop 生成一个 Java 类，作为进行数据传输的载体，具有序列化和反序列化功能。

第三步：启动 MapReduce 作业。

第四步：Sqoop 利用上面生成的 Java 类，并行地从 HDFS 中读取数据。

第五步：根据导出表的元数据信息和读取的数据，每个 Map 作业都会生成多个 INSERT 语句，多个 Map 作业会并行地向数据库插入数据。

目前，Sqoop 数据导出是通过 export 命令来实现的，能够将 HDFS 中的数据导出到外部的结构化存储系统中，为一些应用提供数据支持。export 命令的语法格式如下。

sqoop export <通用参数> <export 命令参数>

export 命令的基本参数及说明如表 7-4 所示。

表 7-4 export 命令的基本参数及说明

参数	描述
--validata	启用数据副本验证功能，仅支持单表复制，可以指定验证的类
--validation-threshold	指定验证门限所使用的类
--direct	如果数据库存在，请使用直接连接器
--export-dir	存放数据的 HDFS 的源目录
-m,--num-mappers<n>	使用 m 个 Map Task 并行导出数据
--table	导出的目的表名称
--call	导出数据调用的指定存储过程名
--update-key	更新参考的列名称，多个列名称使用逗号分隔
--update-mode	指定更新策略，包括 updateonly（默认）、allowinsert
--input-null-string	使用指定字符串，替换字符串类型值为 null 的列
--input-null-non-string	使用指定字符串，替换非字符串类型值为 null 的列
--staging-table	创建一张临时表，用于存放所有事务的结果，然后将所有事务结果一次性导入目标表中，防止错误
--clear-staging-table	清除工作区中临时存放的数据
--batch	使用批量模式导出

技能点 2 其他常用命令

在 Sqoop 中，除了 import、export、list-tables 和 list-databases 等命令，还提供了多个用于实现其他功能的命令，如创建 Hive 表、查看 SQL 执行结果等。Sqoop 的其他常用命令如表 7-5 所示。

表 7-5 Sqoop 的其他常用命令

命令	描述
create-hive-table	创建 Hive 表
eval	查看 SQL 执行结果
import-all-tables	导入某个数据库下的所有表到 HDFS 中

命令	描述
codegen	获取数据库中某张表数据生成 Java 类并打包为 JAR
help	查看 Sqoop 帮助信息
version	查看 Sqoop 版本信息

（1）create-hive-table

create-hive-table 命令主要用于 Hive 表的创建，能够生成与关系数据库表结构对应的 Hive 表结构，语法格式如下。

```
sqoop create-hive-table <通用参数> <create-hive-table 命令参数>
```

create-hive-table 命令的常用参数如表 7-6 所示。

表 7-6　create-hive-table 命令的常用参数

参数	描述
--hive-home	Hive 的安装目录，会覆盖默认的 Hive 目录
--hive-overwrite	如果 Hive 表中存在数据则覆盖
--hive-table	指定要创建的 Hive 表
--table	指定关系数据库的表名
--batch	使用批量模式导出

（2）eval

eval 命令可以快速地运行 SQL 语句以对关系数据库进行操作，经常用于在导入数据之前了解 SQL 语句是否正确、数据是否正常，并可以将结果显示在控制台，语法格式如下。

```
sqoop eval <通用参数> --query/--e "SQL 语句"
```

（3）import-all-tables

在 Sqoop 中，import-all-tables 命令可以将关系数据库中的所有表导入 HDFS 中，每一个表都对应一个 HDFS 目录，语法格式如下。

```
sqoop import-all-tables <通用参数> <import 命令参数>
```

其中，import-all-tables 命令参数与 import 命令参数对应。

（4）codegen

codegen 命令可以将关系数据库中的表映射为一个 Java 类，在该类中有各列对应的各个字段，语法格式如下。

```
$ sqoop codegen <通用参数> <codegen 命令参数>
```

codegen 命令的常用参数如表 7-7 所示。

表 7-7　codegen 命令的常用参数

参数	描述
--bindir	指定生成文件的输出路径
--class-name	设置 Java 文件的名称
--outdir	Java 文件所在路径
--package-name	包名
--input-null-non-string	将 Java 文件中 null 字符串或者不存在的字符串设置为指定内容
--input-null-string	将 null 字符串设置为指定内容
--table	对应关系数据库中的表名，生成的 Java 文件中的各个属性与该表的各个字段一一对应

任务实施

使用 Sqoop 数据导入与导出命令，将 Hive 中统计分析后的数据迁移至 MySQL 数据库中并实现可视化。

第一步：使用 Sqoop 的 export 命令，将 Hive 中 participle、phonelevelsale、impression、phone_level_sale 和 turnover 表的数据导出到 MySQL 中，命令如下。

微课 7-6　任务实施-将 Hive 数据迁移到 MySQL

```
[root@master bin]# sqoop export --connect jdbc:mysql://localhost:3306/phone --username root --password 123456 --table participle --fields-terminated-by '\t' --export-dir '/Edata/participle' --columns "participle,count"


[root@master bin]# sqoop export --connect jdbc:mysql://localhost:3306/phone --username root --password 123456 --table phonelevelsale --fields-terminated-by '\001' --export-dir '/user/hive/warehouse/productdata.db/phonelevelsale' --columns "level,count"


[root@master bin]# sqoop export --connect jdbc:mysql://localhost:3306/phone --username root --password 123456 --table impression --fields-terminated-by '\001' --export-dir '/user/hive/warehouse/productdata.db/impression' --columns "score,count"


[root@master bin]# sqoop export --connect jdbc:mysql://localhost:3306/phone --username root --password 123456 --table phone_level_sale --fields-terminated-by '\001' --export-dir '/user/hive/warehouse/productdata.db/phone_level_sale' --columns "cname,count"
```

[root@master bin]# sqoop export --connect jdbc:mysql://localhost:3306/phone --username root --password 123456 --table turnover --fields-terminated-by '\001' --export-dir '/user/hive/warehouse/productdata.db/turnover' --columns "years,count"

结果如图 7-10 所示。

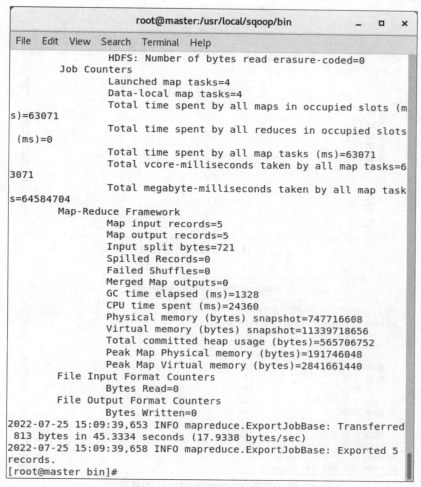

图 7-10　导出数据到 MySQL

第二步：进入 MySQL，查看数据是否导出成功，命令如下。

[root@master bin]# mysql -u root -p

Enter password:123456

mysql> use phone;

mysql> select * from participle;

mysql> select * from phonelevelsale;

mysql> select * from impression;

```
mysql> select * from phone_level_sale;
mysql> select * from turnover;
mysql> exit;
```

结果分别如图 7-11～图 7-15 所示。

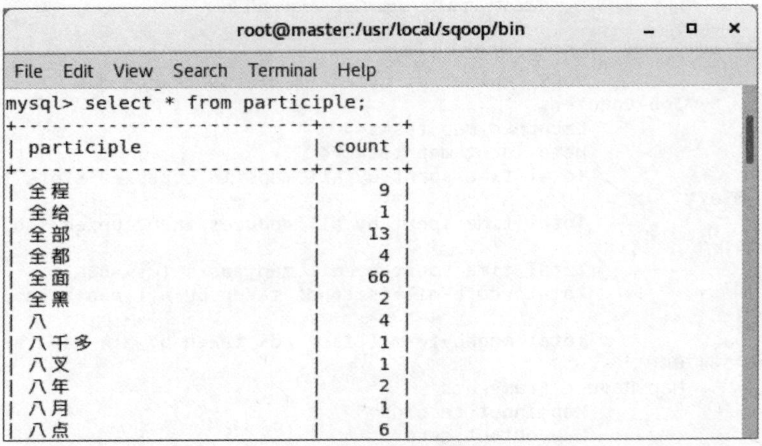

```
root@master:/usr/local/sqoop/bin
File Edit View Search Terminal Help
mysql> select * from participle;
+-------------------------+-------+
| participle              | count |
+-------------------------+-------+
| 全程                    |     9 |
| 全给                    |     1 |
| 全部                    |    13 |
| 全都                    |     4 |
| 全面                    |    66 |
| 全黑                    |     2 |
| 八                      |     4 |
| 八千多                  |     1 |
| 八叉                    |     1 |
| 八年                    |     2 |
| 八月                    |     1 |
| 八点                    |     6 |
```

图 7-11　participle 表数据

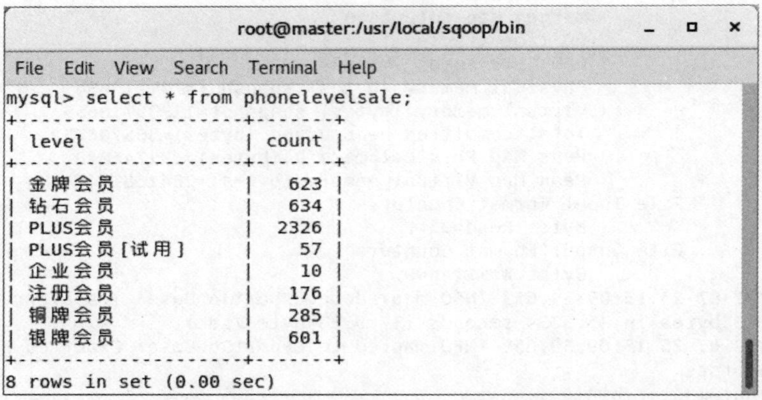

```
root@master:/usr/local/sqoop/bin
File Edit View Search Terminal Help
mysql> select * from phonelevelsale;
+------------------+-------+
| level            | count |
+------------------+-------+
| 金牌会员         |   623 |
| 钻石会员         |   634 |
| PLUS会员         |  2326 |
| PLUS会员[试用]   |    57 |
| 企业会员         |    10 |
| 注册会员         |   176 |
| 铜牌会员         |   285 |
| 银牌会员         |   601 |
+------------------+-------+
8 rows in set (0.00 sec)
```

图 7-12　phonelevelsale 表数据

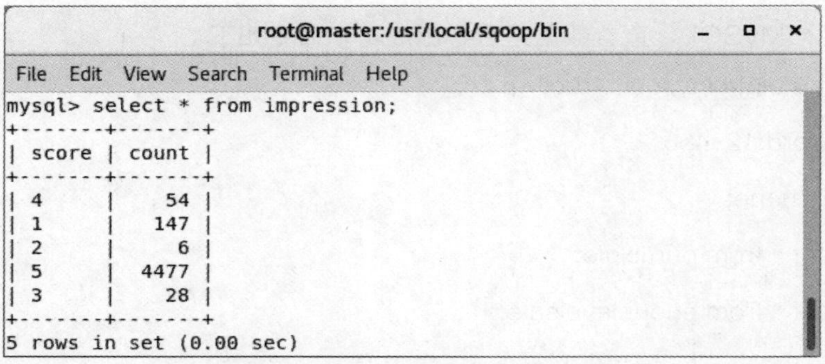

```
root@master:/usr/local/sqoop/bin
File Edit View Search Terminal Help
mysql> select * from impression;
+-------+-------+
| score | count |
+-------+-------+
| 4     |    54 |
| 1     |   147 |
| 2     |     6 |
| 5     |  4477 |
| 3     |    28 |
+-------+-------+
5 rows in set (0.00 sec)
```

图 7-13　impression 表数据

```
root@master:/usr/local/sqoop/bin
File  Edit  View  Search  Terminal  Help
mysql> select * from phone_level_sale;
+-----------------------------------------------------------------------------
-----------------------------------------------------------------------------
--------------------+--------+
| cname

                    | count |
+-----------------------------------------------------------------------------
-----------------------------------------------------------------------------
--------------------+--------+
| 一加手机6T 8GB+128GB 墨岩黑 光感屏幕指纹 高通骁龙845 全面屏双摄
游戏手机 全网通4G 双卡双待
                    |      1 |
| 三星 Galaxy A6s 6GB+64GB 撒浪黑 (SM-G6200) 全面屏 性价比智能手
机 前后2400W摄像 全网通4G 双卡双待
                     |      1 |
| 三星 Galaxy A6s 6GB+64GB 花木蓝(SM-G6200) 全面屏 渐变色 前后240
0W摄像  全网通4G 双卡双待
                    |      1 |
| 三星 Galaxy A8s 6GB+128GB 外星银 (SM-G8870) 黑瞳全视屏手机 骁龙
710芯片 后置三摄  全网通4G 双卡双待
```

图 7-14　phone_level_sale 表数据

```
root@master:/usr/local/sqoop/bin
File  Edit  View  Search  Terminal  Help
mysql> select * from turnover;
+-------+---------+
| years | count   |
+-------+---------+
| 2018  | 2051997 |
| 2017  |  453528 |
| 2019  | 6556723 |
+-------+---------+
3 rows in set (0.00 sec)
```

图 7-15　turnover 表数据

第三步：编写 Python 代码，获取不同表的数据，并通过 Python 的 Matplotlib 模块进行数据的可视化展示。由于数据的获取类似，只是可视化时应用的图表不同，这里以顾客会员等级数据的可视化为例，代码如下所示。

微课 7-7　任务实施-数据可视化

```
# -*- coding: UTF-8 -*-
import pymysql
import matplotlib.pyplot as plt
#连接数据库
db=pymysql.connect(host="192.168.0.136",port=3306,user="root",
password="123456",database = "phone",charset = "UTF8")
# 使用 cursor() 方法创建一个游标对象
cursor=db.cursor()
sql="select * from phonelevelsale"
# 执行 SQL 语句
cursor.execute(sql)
```

```python
# 获取数据
results=cursor.fetchall()
# 转换数据类型
res=list(results)
list=[]
name=[]
# 遍历数据
for i,k in res:
    name.append(i)
    list.append(k)
# 显示中文
plt.rcParams['font.sans-serif'] = ['SimHei']
lt = []
for i in range(len(list)):
    result = list[i] / sum(list)
    lt.append(result)
plt.pie(x=lt,autopct='%.2f%%')
plt.legend(name, loc="best")
plt.show()
```

结果如图 7-16 所示。

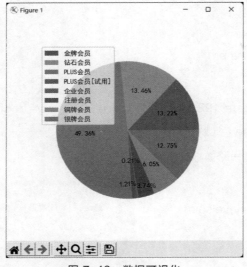

图 7-16　数据可视化

项目小结

本项目通过对大数据迁移的实现，让读者对 Sqoop 的概念、Sqoop 连接器以及 Sqoop 配置数据库密码的方式有了初步了解，对 Sqoop 基础命令以及数据导入与导出命令的使用方法有所了解并掌握，且能够通过所学知识实现 HDFS 中数据的迁移。

课后习题

1. 选择题

（1）Sqoop 最早出现于（　　）年。
　　A. 2008　　　　　B. 2009　　　　　C. 2010　　　　　D. 2011
（2）目前，Sqoop 共支持（　　）种输入密码的模式。
　　A. 1　　　　　　B. 2　　　　　　C. 3　　　　　　D. 4
（3）以下不属于 Sqoop 支持的连接器的是（　　）。
　　A. Redis　　　　B. MySQL　　　　C. Oracle　　　　D. DB2
（4）在 import 命令中，用于追加数据的参数是（　　）。
　　A. --as-textfile　　　　　　　　　B. --direct
　　C. --compress　　　　　　　　　D. --append
（5）下列命令中，用于查看 SQL 执行结果的是（　　）。
　　A. create-hive-table　　　　　　B. eval
　　C. import-all-tables　　　　　　D. codegen

2. 判断题

（1）Sqoop 中最大的亮点就是能够通过 Hadoop 的 MapReduce 使数据在关系数据库和 HDFS 之间进行迁移。　　　　　　　　　　　　　　　　　　　　　　　　　　（　　）
（2）连接器是基于 Sqoop 的一种可扩展、模块化组件。　　　　　　　　（　　）
（3）文件模式是目前最安全的配置数据库密码的方式。　　　　　　　　（　　）
（4）在 Sqoop 中，可以使用 list-databases 命令查看关系数据库中全部的数据库名称并返回结果。　　　　　　　　　　　　　　　　　　　　　　　　　　　　　　（　　）
（5）在使用 Sqoop 进行数据的导入时，Sqoop 会对数据表以及表中的列和数据类型进行检查，之后 Sqoop 代码生成器通过这些信息来创建对应表的类，用于保存从表中抽取的记录。
　　　　　　　　　　　　　　　　　　　　　　　　　　　　　　　　　（　　）

3. 简答题

（1）简述 Sqoop 的优势。
（2）简述 Sqoop 1 架构存在的问题。

自我评价

查看自己通过学习本项目是否掌握了以下技能,在表 7-8 中标出相应的掌握程度。

表 7-8 技能检测表

评价标准	个人评价	小组评价	教师评价
具备使用 Sqoop 连接 MySQL 数据库的能力			
具备从 HDFS 中导出数据到 MySQL 数据库的能力			

备注:A. 具备　　B. 基本具备　　C. 部分具备　　D. 不具备